国家社会科学基金项目（24BGJ049）
河南省政府决策研究招标课题（2024JC037）
河南省高等学校重点科研项目（25A630006）
河南财经政法大学华贸金融研究院科研项目（HCHM-2021YB038）
河南财经政法大学校级研究专题项目（24HNCDZT22）

智慧城市建设

基于河南省政策文本的实证研究

杨凯瑞 ◎ 著

中国财经出版传媒集团

经济科学出版社
Economic Science Press
·北 京·

图书在版编目（CIP）数据

智慧城市建设 ：基于河南省政策文本的实证研究 / 杨凯瑞著 . -- 北京 ：经济科学出版社，2024. 12.
ISBN 978 - 7 - 5218 - 5958 - 4
Ⅰ. TU984

中国国家版本馆 CIP 数据核字第 2024Q2E752 号

责任编辑：王　娟　李艳红　徐汇宽
责任校对：靳玉环
责任印制：张佳裕

智慧城市建设
——基于河南省政策文本的实证研究
ZHIHUI CHENGSHI JIANSHE
——JIYU HENANSHENG ZHENGCE WENBEN DE SHIZHENG YANJIU
杨凯瑞　著
经济科学出版社出版、发行　新华书店经销
社址：北京市海淀区阜成路甲 28 号　邮编：100142
总编部电话：010 - 88191217　发行部电话：010 - 88191522
网址：www. esp. com. cn
电子邮箱：esp@ esp. com. cn
天猫网店：经济科学出版社旗舰店
网址：http：//jjkxcbs. tmall. com
北京季蜂印刷有限公司印装
710 × 1000　16 开　12. 5 印张　200000 字
2024 年 12 月第 1 版　2024 年 12 月第 1 次印刷
ISBN 978 - 7 - 5218 - 5958 - 4　定价：56. 00 元
（图书出现印装问题，本社负责调换。电话：010 - 88191545）

前　言

随着城市化进程的不断推进以及新一轮信息技术的改革创新，城市发展形态逐渐向智慧化、信息化发展靠近，即由传统的城市模式逐步转变为智慧化的城市模式。而所谓的智慧城市是指以信息通信技术为基础的，经济、政治、社会、文化、环境全面发展的城市，其能够大力促进城市经济增长的可持续化、城市生活的高质量化和便捷化。本书以智慧城市建设的相关理论为基础，从公共政策系统理论和智慧城市建设逻辑出发，运用政策文本量化的方式系统地分析了2008~2019年河南省智慧城市建设相关政策，并将实证分析结果和智慧城市相关理论进行结合，分析了河南省智慧城市相关政策的演进情况，同时提出了河南省智慧城市发展的未来政策设计建议。本书的主要内容如下。

第一，厘清了智慧城市建设的相关理论。本书深入分析了智慧城市产生背景、面对挑战的智慧城市方案以及中国特色的智慧城市等相关理论知识，明确了智慧城市的建设意义，同时在理清智慧城市、公共政策分析以及政策文本量化分析等概念的基础上，运用系统理论和城市发展理论构建了智慧城市建设发展的研究思路和框架，为河南省智慧城市建设的实证研究，抽象概括出智慧城市建设的河南经验打下坚实基础。

第二，系统梳理了河南省智慧城市建设政策文本的基础信息。本书采用政策文本量化分析的方法，运用Excel、SPSS19.0等统计分析软件，细致、有条理地阐明了政策文种类型、政策主题关联性、政策权威主体及其发文数量、政策主题与权威主体的交互关系、政策主题的分布五个维度的政策基本信息。

第三，总结了河南省智慧城市建设的影响因素。本书采用“双重关联”

的原则，针对每个政策文本筛选出两个具有关联性的主题词来标注智慧城市建设背景，即影响因子，并在此基础上，对智慧城市建设政策的影响因子进行统计分析以及横向的空间分布和纵向的时间分布研究，运用定性定量相结合的方式分析出了河南省智慧城市建设政策的社会政治背景。

第四，探明了河南省智慧城市建设的政策主体。本书以政策主体为切入点，深入研究其在智慧城市建设过程中的时间和空间分布情况，理清不同时期的智慧城市建设者及其所属的层级、领域，以描绘出河南省智慧城市建设的政策主体体系结构，客观地展现河南智慧城市建设的动力来源。

第五，统计了河南省智慧城市的建设内容。本书运用公共政策文本的话语分析方法，对样本中的建设内容（即客体）进行双重关联主题词的提取和统计，探讨了历年来河南省智慧城市建设的主要内容以及各个时期的建设重点、不同建设主体的建设偏好等，并在此基础上总结归纳出河南省智慧城市建设客体的时空分布规律，客观呈现了智慧城市建设的关键所在。

第六，剖析了河南省智慧城市建设的政策工具。本书从智慧城市发展的投入—产出逻辑入手，构建了智慧城市建设政策工具的三维分析框架，即政策工具为X维度，城市发展逻辑为Y维度，智慧城市建设主体为Z维度，系统地说明了政策作用方式、作用对象以及作用领域。

第七，阐述了河南省智慧城市建设的演进及特征。本书在对政策文本统计描述的基础上，再结合影响智慧城市发展的标志性事件，将河南省智慧城市演进划分为起步探索发展阶段（2008~2011年）、积极推进阶段（2012~2016年）和战略深化阶段期（2017~2019年）三个阶段，并运用共词分析法和社会网络分析法论述了不同阶段河南省智慧城市建设主要内容的演变。

第八，设计了河南省未来智慧城市政策的发展。本书在上述分析结果的基础上，提出要确定合理的智慧城市建设政策发展理念，要设计层次分明、主体明确、兼顾宏观指导性和微观可实施性的政策体系，要优化智慧城市建设结果等政策设计建议，并提出了“以智慧农业为基础、以智慧园区为主导、以智慧交通为重点、以智慧物流为突破、以建设中原智慧城市群为战略目标”的河南省智慧城市发展规划。

目　录

第一章

智慧城市概述

城市作为交易中心和集聚中心在人类社会发展中占据着独特地位，在人类社会的日常中有着重要的职能，尤其是城市的政治和区域经济职能。人口规模的极速扩大，城市面积和人口量的日益增加，都使得城市化的进程在加速进行。

城市化的意义一方面体现在人类进入到了社会发展的高阶时代，城市作为人类社会性群居的高级生活方式，给人们的生活带来了巨大的良性的改变，人民的生活水平也在城市化的进程中得到有效改善；另一方面体现在像环境质量恶化以及监管体系不到位、车多路窄交通不畅、各地区教育质量和教育资源的不平衡以及城市管理运行效率不高等各种各样社会难题也随着城市化的不断深化而显现出来，这些难题持续地困扰着城市的可持续发展，需要进一步地运用新技术新措施来加以解决。

智慧城市的建设和推广无论从技术层面还是从管理层面来看，都具有极高的可行性和合理性。综合型智慧型城市建设的全面实施是人类社会发展的必然产物，将有利于增强城市化信息管理能力，有助于处理城市发展中出现的难题，有助于加快高精尖产业集聚发展，它的核心是以云计算和大数据为主要骨干力量的新一代信息技术。

第一节　城市发展面临的挑战

城市化进程到21世纪时呈现出迅速发展的态势，发展的规模和速度越来越快。发达国家的城镇化率已经普遍超过了70%，我国的城镇化率在过去的十多年时间里也发生了翻天覆地的变化，这一变化也从根本上改变了我国的城乡人口结构，城镇化进程也由此开启了一个崭新的发展节点。

《中国城市发展报告（2011）》显示，2011年我国城乡结构产生历史性变化，城镇化率达到51.3%，城镇人口首次超越农村人口。2015年，我国城镇人口比重已由1978年的17.9%上升到56.10%（约7.7亿人），共提高了38.2个百分点。[①] 2017年《社会体制蓝皮书：中国社会体制改革报告No.5（2017）》调查显示，2016年户籍人口城镇化率排名前十位的城市中人口城镇化率最低的也超过56%，最高的达到68.81%[②]。

城镇化是一把“双刃剑”，一方面，2002年至2011年，我国以每年1.35%的城镇化速度使得平均每年城镇人口增长大约0.2亿人，国家现代化加速实现；另一方面，城市病和传统的城市管理方式落后是不容忽视的问题，各方面的物资能源的巨大需求、人类与自然环境的发展不平衡。

一、“城市病”问题突出

“城市病”问题并不是一直存在的，在过去的二百多年时间里，“城市病”的产生主要是因为城市的快速发展和城市规划与管理的相对落后，总而言之，“城市病”是相伴于城镇化的发展而越来越凸显的。

对于“城市病”概念的研究定义，不同的研究人员从自己的研究视角给出了相应的解释，但到目前为止，学界依然没有一个普遍意义上的“城市病”的定义。

《中国大百科全书·社会学》（1991）提出，“城市病”是城市中人和人之间、人和社会之间以及人和自然之间关系的不协调和冲突现象。段小梅（2001）、张汉飞（2010）认为，“城市病”的症结所在是城市人口超负荷，超负荷程度越严重，“城市病”问题越突出，两者呈正相关关系。焦晓云

① 此处数据根据《国家新型城镇化报告2015》相关资料整理。

② 龚维斌，赵秋雁．社会体制蓝皮书：中国社会体制改革报告No.5（2017）［M］．北京：社会科学文献出版社，2017.

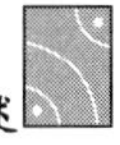

（2015）指出，因为城市化的发展速度和规模与城市现有资源的处理能力不匹配而导致了诸多的实际问题，“城市病”的问题包含经济、社会以及生态环境等方面。

学界认为“城市病”的根源可以从“硬件”与“软件”两个角度的五个方面进行概括总结，包括人员流动、政府职能、城市规划、城市管理及决策者影响城市基础设施。

中国“城市病”的成因复杂多样，有研究指出，中国“城市病”的根源一是人的问题，体现在人口快速大量集聚和国民素质有待提升；二是城市规划的问题，主要包括城市规划不合理、规划执行不到位和产业布局缺乏科学性；三是资源使用不协调的问题，包括优质资源过度集中和基础设施建设与城市发展不匹配等。中国现阶段的“城市病”问题主要表现在以下几个方面。

（一）城市拥堵

城市拥堵的问题已经成为我国城市化进程中的突出问题，不仅影响城市效率，更严重影响了城市居民的生活质量。城市拥堵主要包含交通堵塞和人口密集两方面的问题。

1. 交通堵塞。

交通堵塞让一些城市职能得不到该有的高效使用。城市的交通问题集中体现在两个方面：第一，私人汽车数量快速增加，这也说明了我国城市居民生活水平的提高，但由此带来的交通问题也使得居民的工作生活质量大打折扣；第二，公共设施资源不健全，停车位严重不足，停车难直接带来了道路上车辆乱停乱放的问题，使得交通堵塞的问题更加严重。交通堵塞不仅仅是大城市的通病，目前一些地级城市、县城的交通问题也日益凸显，尤其是到了国家法定节假日的时候。

2. 人口密集。

人口大规模聚集导致了包含环境恶化、生活质量下降、交通不畅、公共设施资源不足等问题。国家统计局有关统计数据表明，我国城市面临着前所未有的人口聚集状况，城镇人口的增长速度达到每年 2000 万人左右。2014

年中国城镇总人口达到了7.9亿人，城市化率54.77%。以北京市为例，2014年北京的常住人口达到2151.6万人，但北京的面积只有1.64万平方公里。与北京的情况相仿的城市在中国还有很多，例如上海、广州、深圳、天津等市，人口增长速度几乎一致维持在年增长4%左右。

（二）资源短缺

我国资源短缺的问题是目前一段时间内一个持续性的问题，这一问题的根源主要表现在：第一，人口总量大，人均资源占有量少；第二，在城市化进程中，对于能源和原材料的消耗过大；第三，资源浪费、回收利用率不高等。

资源短缺中占比最大的就是水资源短缺。有关数据显示，全国缺水量达400亿立方米，近2/3城市存在不同程度的缺水，[①] 人均水资源贫乏是我国目前水资源的现状。能源短缺的问题同样面临着总消费量过大，但人均能源消费量却很少的现象。2012年《中国的能源政策（2012）》白皮书指出，我国人均天然气资源仅为世界平均水平的7.5%，人均石油资源仅为世界平均水平的5.4%，人均煤炭资源为世界平均水平的67%。

城市化进程的加快发展使得城市人口迅速膨胀，各类资源能源的供应严重不足，供不应求的现状再加上因为城市管理的低效率而出现的资源浪费等问题，又反过来严重制约着城市化的良性发展。

（三）环境污染

城市化进程中显现出来的环境恶化主要是因为以下三个因素：第一，时代局限性，环境保护意识不强，长期以来的经济发展都盲目遵循着“先污染后治理”的模式，生活生产垃圾随处丢弃，城市河流以及地下水污染严重；第二，第二产业和第三产业的快速发展也产生了大量的难以及时处理的垃圾；第三，工业化的加快，城市小汽车的数量不断增加，产生了大量的汽车尾气、热气、废气，房地产、工厂等行业产生大量粉尘，这些污染都对大气环境产生了恶劣的影响，我们也为此付出了代价。综合上述各种因素的影响，城市

① 吴硕贤，赵越喆．推行绿色建筑，促进节能减排，改善人居环境——中科院技术科学部咨询报告［J］．动感（生态城市与绿色建筑），2011（4）：20－27.

环境污染主要表现为水资源质量下降、大气质量降低、噪声、固体废弃物、有毒物质以及辐射等。

（四）基础设施不完善

我国大部分城市基础设施水平的真实现状往往可以被下雨这一自然现象检验。“下雨必淹，内涝严重”的尴尬境地反映了一些城市基础设施建设规划设计能力不足、建设布局不合理、工程质量低下等问题。

“城中村”和“棚户区”往往被称为“城市贫民”的聚集地，城市基础设施不完善的问题在这里被放大显现：公共服务设施不到位，卫生条件差；治安形势不容乐观，存在较大的安全隐患；部分村民文化素养和道德素质有待提高；乡土文化与现代文明的隔阂与差距等。值得注意的是，这些问题并不是我们国家城市化发展中的特殊现象，而是发展中国家在城市化进程中“城市病”发展到一定阶段的特有现象。

（五）社会关系转变

社会矛盾加剧的原因主要是人们社交观念和社交模式的转变。以前的人际关系是体现在以小农经济为基础的地域宗亲血缘关系上的，但是在城镇化不断演进的过程中，这种人际关系逐渐地被取代，取而代之的是以工作为基础的新型人际关系。这种以工作为纽带的人际交往模式使得人们的功利意识、自我意识远远超过了人与人之间的情感因素和道德伦理观念。

随着技术的发展，各种社交工具越来越普及和多样化，人们的交际范围越来越广，交往人群越来越多，但是人与人之间深层次的交流却在减少，隔阂在无形中增加，人际关系逐渐简化为一种复杂的经济关系，交往原则在市场经济日益深化的今天也不断地转变为等价交换的原则，社会矛盾也因此日益呈现加剧的趋势。

二、传统城市管理方式落后

城市建设的问题是当今城市化发展的重要课题，但其实，城市管理问题也早在20世纪五六十年代就被提上日程，引起广大学者和政府部门的重视。“三分建设，七分管理”，作为衡量现代城市综合竞争力、城市居民生活质量以及可持续发展水平重要标准之一的城市管理水平，越来越成为焦点问题被大家广泛关注。我国城市管理的现状表现为城市管理水平的落后以及传统的管理问题凸显。

（一）城市管理体制不畅，机制不完善

传统的城市管理方式的问题主要集中在两点：第一，产生于政府决策层的行政命令在自上而下的传达过程中时间跨度太长，各行政部门存在职能交叉和协调不畅的问题，由此产生的推诿扯皮和执行效率低下的问题最终使得城市管理效果变差；第二，普通群众的意见从底层向上传达的及时性和完成性得不到保障，政府部门搜集到的民意往往不是“原汁原味”的，这也就导致政府部门制定的政策意见与实际情况可能产生偏差。

在新时代的大背景下，与当前我国城市发展形势不完全相适应的城市管理体制和管理机制的问题越来越凸显。就管理体制而言，责权不明、体制不健全的问题长期以来一直存在于传统的市、区、街道三级管理模式当中；就管理机制而言，信息共享和信息沟通不完全，联动机制不到位，严重影响城市管理的成效。

（二）运行方式缺乏科学性，法律法规滞后

科学高效的运行方式以及健全完善的法律法规是城市管理的重要基础。传统的城市管理的问题，一方面表现在运行方式缺乏科学性，行政手段、公共管理和社会监管手段的综合运用不灵活，过多地依靠行政措施强制施加影响，服务意识不足，由此给城市管理带来了诸多的负面影响；另一方面表现在滞后的法律法规建设与完善，导致了在城市管理过程中出现法律真空区域，城市管理无法可依、无据可循的局面严重制约城市经济和社会各方面的发展进程。

（三）管理理念落后，缺乏源头控制

现代化的城市管理理念对科学管理、人本管理、服务意识以及民众参与

等方面都提出了更高的要求。这使得我国长期以来存在的机械的、片面的城市管理理念与现代化的城市管理理念之间存在很大的差距。传统的城市管理是惰性的，仅仅停留在对基础设施和环境卫生的日常维护管理上，管理理念滞后，缺乏有效的源头控制，只是简单地以突击检查代替可控式的有效指导，以集中整治代替长效式的科学规划，以事后查处代替常态化的监管督促，没有科学的规划设计和扎实的基础建设，城市管理中的表面功夫是达不到理想的效果的。

（四）监督机制不健全，绩效评估不完善

传统城市管理方式中不容忽视的两个不完善的地方就是监督考核机制的不健全以及绩效评估的欠缺。一方面，作为城市管理的瓶颈之一的监督机制问题一直是影响城市管理效率的难点。监督机制不够健全、监督手段受局限、监督结果不能真实地反映出实际情况是导致监督无法发挥有效作用的重要原因。而导致监督无法发挥有效作用的另一个重要原因是群众监督和舆论监督的力度不够。另一方面，传统城市管理在绩效评估方面的问题表现为：第一，缺乏广泛的民众参与，只有全面地综合各方面的评价才有可能得到真实的情况反映；第二，城市管理工作的多样性以及复杂性对绩效评估方法的要求变得很高，而现在使用的方法由于缺乏实时性和动态性并不能满足城市管理过程中的要求；第三，现有的评估指标和各类规范标准不够科学、有效。

第二节　面对挑战的智慧城市方案

现代化城市的发展正处在机遇与挑战并存的关键阶段。经济在发展，社会在进步，城市规模在扩大，由此带来的挑战前所未有，处理不好会给城市的可持续发展带来巨大的阻力。同时带来的机遇也前所未有，智慧城市的风向标已经给现代化城市建设指明了方向。

智慧城市的理念是联系和发展的理念，汇集了信息技术、物流技术、通

信技术和管理科学等融合与实践的产物。智慧城市的运行方式广泛地借助了包含云计算、互联网和物联网等在内的各种新兴技术，有针对性地对传统的城市管理方式进行了极大的调整和改善，使得互联互通的理念体现在城市管理运行的各个方面。智慧城市的建设有利于进一步地促进新兴技术的研究发展，有利于实现城市建设的可持续性发展，有利于极大地增强我国城市的综合竞争力。

一、智慧城市理念的提出

2008 年 11 月，IBM 公司首先提出了智慧城市的理念，同时，他们把这一新的理念看作是实现“智慧地球”的可行途径。IBM 在《智慧的城市在中国》中给出了智慧城市的定义：“21 世纪的‘智慧城市’，能够充分运用信息和通信技术手段感测、分析、整合城市运行核心系统的各项关键信息，从而对于包括民生、环保、公共安全、城市服务、工商业活动在内的各种需求做出智能的响应，为人类创造更美好的城市生活。”

不同的学者对于智慧城市的界定各有不同，国外学者科林·哈里森和艾安·阿伯特·唐纳利（Colin Harrison & Ian Abbott Donnelly，2011）认为，智慧城市的管理手段是通过城市信息化系统来实现的，这一高效的系统可以实现对城市内包括硬件设施和软环境在内的各种因素的管理。国内学者王家耀等（2011）认为，智慧城市的基础在于由分布在城市方方面面的智能化传感器所连接形成的物联网，在这一硬件基础之上通过云计算的智能分析处理使得城市管理更加的智能化、科学化，城市居民的生活也因此更加的智慧化①。另外，国内学者李德仁和邵振峰等（2011）认为，智慧城市的核心是数字化管理，它的实现形式是把城市连接成一个网络来进行管理②。在前人的研究基础之上，总的来说可以把智慧城市的核心理念归纳为三个方面。

---

① 王家耀．系统思维下的新型智慧城市建设［J］．网信军民融合，2018（6）：10－13.

② 李德仁，邵振峰．论物理城市、数字城市和智慧城市［J］．地理空间信息，2018，16（9）：1－4，10.

（一）智慧城市的发展阶段

智慧城市的提出、建设与发展不是孤立于城市化发展进程之外的。智慧城市作为一种全新的城市发展模式，是城市发展的高级阶段，是对传统城市发展理念的“扬弃”，在继承中发展，在发展中寻求创新协调。张云霞等（2001）在研究中提出，智慧城市的城市发展理念是科学的，发展基础是建立在运用信息技术对信息进行全面感知和万物互联上的。以人为本是智慧城市建设的核心，在这一核心理念的指引下，通过人、物、城市功能系统之间的无缝连接与智能处理，从而对方方面面的城市需求做出智能的判断处理，形成具备可持续发展的城市形态。智慧城市的发展对于经济增长而言，追求的是资源节约型和环境友好型的经济增长方式。

（二）智慧城市的建设过程

巫细波等（2010）在其研究中指出，智慧城市的目的是为居民创造更加美好的城市生活。为达到这一目的，必须采用一种更加科学合理的方法，利用以大数据和物联网等为核心的新一代信息技术来改变包括政府、企业和居民个人等主体在内的各个参与主体的相互交往的方式，提高城市运行效率。智慧城市的运行不是单一部门或单一人群的独立行动，无论是建设还是运行，智慧城市体现的都是一个全面的复杂系统。一方面，智慧城市的参与主体体现了其复杂系统的一面，参与主体包括但不限于政府、企事业单位、媒体、公众和第三方相关主体等，参与主体各方的需求不同、目标不同，这就使得协调推动各方共同发展变得十分困难，因此，应该从战略规划到细节的具体施行各个环节，都积极推动各方面主体共同参与。另一方面，智慧城市的运行系统同样是涉及城市发展的各方面，主要包括但不限于政府治理、公共安全、教育、医疗卫生、生态环境、交通及公共事业等方面，错综复杂、相互交错的运行系统更需要建立高效的指挥决策、实时反应、协调运作的协同机制，只有这样才能真正实现集成化管理。

（三）智慧城市的技术支撑

对于智慧城市的技术支撑问题，众多的学者都对此进行了深入研究，其中比较有影响力的有王辉、李重照等。智慧城市的技术支撑包含了计算机、IT、互联网等信息通信技术。学者王辉（2010）在研究中指出，智慧城市是充分运用信息技术对城市运行系统的各项关键信息进行全面感测、分析、整合，并通过对城市管理和服务、居民生活等各层次需求做出智能响应来为城市管理部门提供高效的城市管理手段，为市民提供更好的生活品质。无论是网络城市、智能城市、数字城市，还是现在提出的智慧城市，他们以信息通信技术为基础的本质特点是没有改变的。通过物联网和互联网系统的高度融合与完全连接，将感知搜集到的数据整合成运行要素，以智能的基础设备为依托，对城市系统的运行实现全面感知与融合应用（李重照，2011）①。

二、IBM 的智慧城市

把智慧城市定义为一个全面应用新一代信息技术打造的城市新形态，这是 IBM 的智慧城市的核心理念，这样一种新的城市形态能够更加优化配置城市资源，使城市的运营变得更加高效和智能。

（一）智慧城市的领域

智慧城市涵盖的领域包含了水资源管理、交通、能源、建筑和公共安全等在内的多方面内容。

1. 智慧的水资源管理。

IBM 的智慧水资源管理理念是在全球人口激增、淡水资源有限的前提背景下提出的。水资源的供不应求引起人们对水资源的质量、水资源基础设备和水资源管理等的极大重视。IBM 认为智慧系统在水资源管理方面的应用可以有效地对总体流域进行管理，提高水资源的效率，通过使用大数据、云计

---

① 李重照，刘淑华．智慧城市：中国城市治理的新趋向［J］．电子政务，2011（6）：13－18.

算等信息技术，提供更多的解决方案以及改进方案。

2. 智慧的交通。

不可否认的是在任何社会中，运输始终是连接整个社会各方面的重要动脉系统。这一系统能否顺利运行，直接决定着一个城市或国家的经济活动水平和产出水平，进而影响生活质量和总体生活水平。在过去的城市化进程中，交通系统的超负荷运行成为世界上绝大数城市的通病。智能交通系统通过对有关城市交通数据的收集、整理和分析来制定出更好的决策，不仅可以为交通管理中心提供路网管理和换乘指导等服务，而且可以在智慧旅游中做出贡献，更加智慧高效地利用城市资源。

3. 智慧的能源。

智慧能源的广泛应用离不开消费者环保意识的转变与增强。更多的消费者逐渐地从环境破坏者的角色转变为愿意在节能环保方面做出自己贡献的环保人士。智慧电网作为智慧能源典型代表具有独特的优势。它不仅能够更好地融合新的可持续性的能源，例如风能、水能和太阳能等，而且具备与分布式电源互动的性能，比如为电动车充电。智慧电网在运作方式上主要依靠传感器、电表和分析设备，自动监控双向能源流。电网公司运用智慧电网可以更好地优化电网性能，并且对于能源的使用情况也可以更好地加以把控。

4. 智慧的建筑。

建筑与设施是世界上最大的资源消耗者，但是对人们而言，建筑物是城市的必需品，是不可替代的。在美国，建筑物消耗70%的电力，其中浪费的电力高达50%。流入商业建筑物的水量损失高达50%。到2025年为止，建筑物将是地球上最大的能源消费者和绿色气体排放者。[①] 智慧建筑的目标在于降低现有的能源消耗以及资源浪费和为人类提供更加宜居的生活环境。智慧建筑通过整个建筑系统的互联话筒，以智能的自主反馈、自主调节来不断增强人类居住的满意度，同时又能在资源的高效利用和商业的经营效率方面做出更大的贡献。

---

① 智慧的城市：理解 IBM 智慧城市的基础［EB/OL］.（2011－07－14）. https：//doc. mbalib. com/view/464f719d0b807568cbd3f63eed76ef41. html.

5. 智慧的公共安全。

如何在信息化高度发展、万物互联互通的城市化发展进程中更好地发挥城市对于人类的保护作用是目前最值得关注的智慧城市领域的问题。经过一段时间的发展，包括自发的传感和分析、虚拟化和计算模型在内的新兴技术的革新被广泛地运用到了公共安全领域，实现了从单纯的响应到预测和阻止事件的初步转化。数据化的存储创新使得将百万级甚至上亿级的记录数据整合到一起进行检索和分析成为可能，城市管理人员可以根据需要及时准确地对所需要的信息进行查询分析并及时地做出反应。

（二）智慧城市特征

智慧城市的主要特征体现在以下四个方面。

第一，全面感知。全面感知是智慧城市的基本技能，也是关键所在，通过传感系统和各类智能设备的运用，对城市管理中的各项活动进行搜集、整理和分析，在对搜集到的各项进程进行有效集成处理之后，实现自我反馈，进一步使得整个城市系统变得快速高效运转。

第二，智能融合。各类信息数据在云计算等物联技术的融合发展中进一步有效结合。只有当以云计算和物联网等为依托的智能融合技术实现的情况下，大数据的分析与整合才能得到有效的提升。这些信息技术的职能融合构成了智慧城市运行系统的各种能力基础，尤其是智能决策能力的基础。

第三，持续创新。经济社会的可持续发展离不开人的广泛参与，持续创新需要通过各类新型工具和方法进一步提高聚集公众智慧、增强用户参与度，在这一基础上，推动社会各个领域的持续开放创新。同时，在智慧城市建设这一过程中，始终要坚持以人为本、广泛参与和价值塑造的理念。

第四，万物互联。在城市化发展的今天，各类信息技术的不断革新、应用和普及，使得在城市发展建设过程中急需的各类设备和应用在技术能力上得到强有力的保障。与此同时，智慧城市在指挥系统中各个环节的信息处理能力也获得了迅速的加强。

（三）智慧城市的逻辑架构

由包含应用层、平台层、网络层和感知层在内的四个结构层级共同组成了智慧城市的逻辑架构。其中，网络层技术的主要任务是为数字城市建设信息基础设施，在这一点上有着被广泛认可的行业标准。不得不承认而且必须引起正视的一个问题就是，在应用层、平台层和感知层这三方的发展上，我们的能力对于智慧城市做得好的、技术积累比较成熟的国家而言，还有很大的差距。

在探索和构建智慧城市的关键阶段，我国目前智慧城市建设的主要任务之一便是对各项关键技术的建设与开发。应用层是智慧城市区别于数字城市的最主要的特征，而感知层则是综合平台的基础。感知层是智慧城市逻辑架构的起点，也被称为信息获取层。感知层的首要任务是利用传感器、摄像头等网络技术，对所感知的各项数据及时采集和分析并传输到网络层。同时，感知层也需要负责各项信息向基础信息设备的反馈。

网络层以先进的网络技术为基础，依靠其特有的丰富的网络接入实际拓宽了业务范围，向各个参与主体提供他们所需要的服务。现实中，网络层经常运用在构建数字通信体制、应对突发事件以及向企业提供的市场化服务等方面。

平台层的建设情况直接影响到整个智慧系统的质量。它在运行过程中借助负荷均衡、虚拟存储等先进的技术手段将有限的技术资源进行更加高效的再分配。因此，平台层在智慧城市建设系统中牢牢地处于核心地位。

应用层，顾名思义就是智慧城市建设系统的实操阶段。应用层根据使用主体的不同能够提供不同的智慧化应用。对于政府而言，智慧化应用主要倾向于各职能部门的日常办公操作系统；对于社会公众而言，可以提供智慧政务等系统应用。智慧化应用对于城市的社会进步和经济发展而言有着巨大的作用，这一切积极成果的取得都是建立在庞大的数据库、应用平台以及服务平台的基础上。

（四）智慧城市的愿景

智慧城市建设理念是未来城市发展的重要方向，对未来的人类社会有着极其重要的影响。

第一，提供更美好的城市生活。智慧城市是一个总的概念，在这个总方针的统领下，有着与我们城市生活息息相关的众多智慧系统分支，这些智慧系统将会改变我们传统的生产生活方式，对我们生活的方方面面包括学习、工作、娱乐等产生深刻的影响。智慧食品让食品安全的问题不再困扰城市居民，智慧医疗让居民的身体健康得到极大的保障，智慧家居让居民的生活更加顺心如意，智慧市政让城市变得更加安全。智慧化的建设与应用让城市生活更加美好。

第二，引领科技创新潮流。智慧城市的建设离不开持续性的科技创新。每一种科技创新所涉及的都是一个庞大复杂的科学体系。包括物联网、互联网、云计算在内的众多学科和领域，都离不开人才的支撑、资金的供应和技术的加持，在智慧化城市的建设过程中，这些因素都在无时无刻、源源不断地向这些新兴产业集聚和倾斜，从而在原来的基础上进一步推动新一轮的科技创新。科技创新浪潮始终呈现螺旋式的上升。

第三，发展战略性新兴产业。智慧城市建设所带来的改变和进步是能从根本上解决问题的改变，刺激众多的新兴产业乘着智慧城市发展的东风蓬勃发展。智慧城市想要在催发新兴产业这件事情上有所作为，是离不开技术支撑的，尤其是关键的云计算和物联网的技术。物联网并不是单一的产业发展，物联网的产业链包括设备与终端制造、网络服务基础设施服务、基础支撑、应用服务等多个产业。要正确地认识正在蓬勃发展的物联网产业链，决不能把它与当前的通信网络产业链等同看待。这两者的差异主要体现在物联网产业链的上下游均增加了现在通信网络产业链所不需要的产业和服务商。

第四，增强城市的综合管理效率。智慧城市最直接的效果便是体现在城市的运行效率上。在建设初期，智慧城市就是要确保能够使政府的主导和协调作用得到充分的发挥。增强城市的综合管理效率所要达到的效果是绿色、高效、安全和便捷的管理能力。这就要求在具体实践方式上，必须充分发挥政府的作用，利用智能化、交换共享、互联互通和关联应用等具体内容确保能够健康有序地建设智慧城市，并且最终帮助城市管理、城市服务、城市运营中各参与主体实现多赢。

第三节　中国特色的智慧城市

中国特色智慧城市建设具有系统性，事关全局，必须用科学的视角进行顶层设计。当今世界正处于“百年未有之大变局”的时代，国家主席习近平提出了适应时代潮流的发展理念，在习近平新时代中国特色社会主义思想的引领下，要更加深入地把握经济社会发展的大趋势以及相应的科学技术的发展现状和趋势，坚定不移地完成《两个一百年》的奋斗目标。实现中华民族伟大复兴的中国梦绕不开的问题就是提升人民的获得感，而解决城市化过程中的难题就是重要手段之一。在这一过程中，我们要把民生的改善作为一切工作的重点，化解城市病、逐步扩大内部需求，加大国内“大循环”内生动力，以人为本，提高创新驱动能力。

推进我国智慧城市健康发展，必须要充分利用城市核心资源，优化资源配置，科学地进行规划、建设、管理。要通过感知以管理、整合以创新、优化以转型，大力发展具有中国特色的现代化城市。有学者指出智慧城市的发展是加快城市产业结构调整、转变经济发展方式的战略选择，同时也是创新社会管理和公共服务、保障和改善民生的重要途径。智慧城市的建设可以提高城市综合承载能力、推进城市生态文明建设。这种新的将大数据与城市管理相结合的方式在我国主要体现在政府主导、创新驱动、技术先导、全面推进以及创新理念五个方面。

一、政府主导

政府在我们的生活中扮演着极其重要的角色。政府既是城市建设的引领者和推动者，又在城市管理中扮演着“家长”的角色，始终处于发挥主要领导作用的地位。同样，在我国智慧城市建设进程中也不例外。

在智慧城市的建设过程中，政府必须发挥提纲挈领的作用。一方面，智慧城市的打造和进一步发展不能是随心所欲的，必须有政府强有力的引导，以使得整个过程能够在既定的步骤程序上有针对性地进行；另一方面，在描绘蓝图、做出规划以及各方面的资源和信息数据的整合方面，政府也必须担当能够搭建起框架的角色。这一个关键性的框架，就是智慧城市的整体网络框架。我们的做法与国外的智慧城市建设截然不同，在国外，尤其是一些发达的资本主义国家，大的通信企业和一些科研机构所做出的努力和贡献往往是更大的，甚至可以说这些非政府组织和部门发挥更多的是主导者的角色，而不单单是一个配角。当然，为了促进企业对智慧城市的开发，政府会担任"守夜人"的角色，提供一些法律和相关法规的保护。比如在瑞典斯德哥尔摩的"智慧交通"项目中，IBM 公司就承担了智慧城市建设的大量工作，进行了智能收费系统的设计、建设、实施等，而当地政府只是根据公司相应规划，提供了一些基础设施和政策的便利。

在中国的智慧城市建设方面有一张响亮的名片，那就是广州。广州的智慧城市的建设是典型的政府主导型。从 2009 年开始，广州通过打造"智慧广州"这一门户网站，使得互联网资源在广州的运用达到登峰造极的效果。一方面，广州的网站建设模板划分准确精细，整个城市的各方参与主体都能够通过这个便捷的网站更加顺畅地使用无线宽带和公共服务；另一方面，智慧广州的建设不仅仅是理念上的先进，在具体实践上，这种主要由政府引领牵头，运营商提供辅助的模式更是走在了智慧城市建设领域的前头。在 2009 年的基础上，第二年广州市政府便下大力气加快打造实施智慧广州的"五个一工程"，争取早日实现智慧广州建设的战略目标。

第一，大力推广无线城市建设。广州通过"政府推动、购买服务，企业投资、建设运营"的模式整合了电子政务、医院、车站、图书馆等重要公共服务的无线局域网。可以说，无线宽带网络在广州深度覆盖，为广州各项基于无线宽带的基础设施服务奠定了基础。同时，在国家信息化融合试验区的大背景下，广州也在丰富的无线网络基础上积极开发无线城市网络应用等新的城市服务项目。

第二，有序布置"天云计划"。天云计划要实现的是"三位一体"的发展产业布局。"三位一体"指的是技术条件、产品成效和服务能力的一体化发展。广州市布置开展这一计划的目的就是加快广州的智慧城市建设速度，在国际上打出名头，打造出一批具有世界先进水平的云计算平台，成功建设国际云计算中心。如此一来，基于大数据在互联网大发展的背景下，通过云计算平台，便可以实现“三位一体”的发展目标。

第三，着力加强示范引领。天河区在广州的城市建设中具有独特的优势，它作为广州市的中心区和龙头区，在智慧广州的示范区建设方面当仁不让。天河区将建设63平方千米的天河智慧城。作为示范引领的标志性工程，天河区开展的“一库、一卡、一页、一台”工作取得了非常好的示范作用。包揽万物的数据信息库是这个工程的起点，保证一人一卡的细节服务是这个工程人性化、便民化的显著体现，多领域的归纳整理组合是“一页”的便捷高效所在，综合性管理信息平台的全力打造是这个工程的标志性动作和成绩，这种市区联动的方式是“十二五”期间广州市在天河区的成功操作。

二、创新驱动

智慧城市本质上是基于社会科技进步的重大创新，驱动传统城市跃升至高级形态，运用物联网、人工智能等新一代信息技术实时监测城市的动态发展，将物理世界的城市映射到数字世界，并通过对相关数据的整合和分析，把握城市发展与运行的内在规律和主要特征，实现对城市资源的高效配置，实现城市的智慧式治理和高质量发展①。因此，智慧城市是经济社会发展迈上创新驱动阶段的重要表现，与此同时，创新驱动也成为智慧城市的主要特征之一。

随着我国大力实施创新驱动发展战略，新一代信息技术广泛应用于智慧城市建设，使得智慧城市建设愈加精细化、科学化，有效提升了城市治理效能。上海市出于复杂巨系统的超大城市治理需要，基于“创新发展先行者”定位，自20世纪80年代起就将信息化作为城市发展和治理的重要着力点，现已作为城市治理数字化转型的典型案例。1996年，随着《关于把上海建成现代化国际信息港的实施意见》公布，上海早期数字化转型的方向和任务基

① 姚璐，王书华，范瑞．智慧城市试点政策的创新效应研究［J］．经济与管理研究，2023，44（2）：94－111.

本确定。依托信息港主体工程的技术支撑，“中国上海”门户网站开通并投运，市区两级政府建立内部局域网，“一卡通”工程开始投入使用，此时信息技术开始应用于政府运行和公共服务。21 世纪初，上海市各类政务服务网站、在线公共服务平台、城市运行基础数据库陆续投入使用，以“市民信箱”“付费通”为代表的数字技术应用规模不断扩展，使得数字技术不断融入城市公共服务供给。2010 年，“中国上海”门户网站开通市级网上政务大厅，跨部门在线政务服务建设工作成效显著，上海市电子政务框架基本形成。随后，上海正式启动智慧城市建设，加快推进数字技术在城市发展和治理中的应用。特别是在“‘互联网＋’行动”的推动下，数字技术加快融入上海市城市治理当中，上海智慧城市建设水平得到稳步提升。伴随着上海陆续推出“一网通办”智慧政府建设方案、城市运行“一网统管”行动计划，上海市城市治理转向更高的数字化水平[①]。由此看来，经过长期发展，上海市城市治理数字化治理已达到较高水平，其中以创新为核心的面向公共服务、城市运行领域的各类创新技术、信息系统等是城市数字化转型和城市治理能力提升的关键，创新了城市问题处理模式和城市公共服务供给的效率，助推新治理模式的诞生。

三、技术先导

近年来，国内的智慧城市建设把主要的关注点放在技术运用层面。通过分析研究可以得知，注重人本因素的研究是国外智慧城市建设的重点，这一点是国外学者通过研究得出。为了提高政府部门和企业等单位的办事效率，国外的许多国家通过采用新型的网络技术以及高新通信技术来达到智慧城市建设的目的。国外的许多国家甚至通过网络技术的发展更好地推动城市发展，除此以外，还可以推动文化的传播和提供更好的公共服务，这样做一方面可以使得经济社会发展更上一层楼，另一方面也给城市居民带来了更多的便利。

---

① 吴建南，陈子韬，李哲，等. 基于“创新－理念”框架的城市治理数字化转型——以上海市为例［J］. 治理研究，2021，37（6）：99－111.

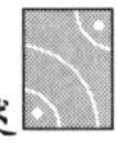

国内的智慧城市建设更加注重资源的整合，更多倾向于信息化技术的使用，这样做的好处在于可以更加高效地对资源的利用情况有一个准确的监控，从而使得我们的城市更加安全，也可以避免一些潜在危险发生。

无锡的智慧城市建设就是一个技术先导型的典型模式。无锡高度重视发展高新技术产业，高新微纳传感网工程技术研发中心、国家集成电路设计无锡产业化基地等先后在无锡落成。2009 年 8 月，时任国务院总理的温家宝在视察无锡时曾经指出："要在激烈的国际竞争中，迅速建立中国的传感信息中心，或者叫'感知中国中心'"。[①] 有了国家政策的支持，无锡的智慧城市建设之路很快进入快车道。2009 年，无锡开始强化技术的主导地位，在短短两年时间内，无锡智慧城市的建设便初具规模。

四、全面推进

国外的智慧城市建设更多的是就事论事，每次都把注意力集中在某一项工程上。以斯德哥尔摩的智慧交通以及美国的智能电网建设为例，这些智慧系统的建设都是专注的，不会同时在建设这个的时候再拓展其他的项目工程。而反观国内的智慧城市建设，以智慧上海、智慧宁波、智慧北京的建设为例，都是从整体上做出的统一规划、统一协调。有了统一的部署规划，在系统的观点的指导下，便可以同步开展不同的智慧系统的建设，有条不紊地进行建设可以达到事半功倍的建设效果。

打造智慧北京就是我国全面推进模式的典型案例。智慧北京建设采用双管齐下的方针。首先，全面推进，北京智慧城市的建设包括应急安全领域、交通领域、水务领域、环保领域、园林领域等。例如，以危险源检测为主，基本建成了应急指挥部及一批应急管理应用系统。比如，交通电子收费系统、车辆监管系统等。通过大数据的运行初步掌握公路网运行情况，实现交通的有效管理和疏导。其次，技术先行、技术主导的理念贯穿始终。北京智慧城市建设的良好基础离不开现代信息技术的使用。城市信息化建设不断取得积

① 财政部就"物联网发展专项资金管理暂行办法"答问［EB/OL］.（2011-04-19）. https://www.gov.cn/gzdt/2011-04/19/content_1847664.htm.

极的进展，城市建设力度空前，北京在很多方面的新一代信息技术已经得到了广泛的应用，物联网就是其中的典型。北京网络基站的建设更是取得突飞猛进的成果。

作为我国智慧城市建设的“排头兵”，北京在智慧城市建设中有许多可圈可点的经验成果。一方面，北京的全面推进的智慧城市建设模式效果良好，并发布了《智慧北京行动纲要》，主要内容是从城市基础设施的建设到人民日常生活，涉及面相当广泛，如应急安全、交通管理、环境保护、农业生产等领域的试点；另一方面，北京在智慧城市建设中将先进的信息技术运用到了各个领域，全方位对所有系统里涉及的相关的信息技术进行了研究。

五、创新理念

2016年5月，在“十三五”新常态发展智慧城市高层专家论坛上，全国人大常委会原副委员长、中国智慧城市论坛主席路甬祥提出中国特色智慧城市建设理念，强调要在我国智慧城市建设的各个方面和全过程贯彻党中央提出的“创新、协调、绿色、开放、共享”新理念。同时，路甬祥进一步精辟阐述了五大理念在智慧城市发展中的引领作用。

（一）以创新发展理念引领智慧城市制度、技术创新

必须深刻认识科技创新在国家发展全局的核心位置这一基本特点。把科技创新始终作为提高社会生产力和综合国力的战略支撑。创新驱动对于智慧城市建设的方方面面都至关重要，无论是建设基础、建设模式还是建设主体都是如此。可以说只有依靠创新才能为智慧城市的发展提供源源不断的动力和智力支撑。

国家实施创新驱动发展战略的一系列政策举措将为智慧城市建设和发展提供新的机遇和条件。坚持中国特色的自主创新的道路，深化改革，扩大开放，把全社会的智慧力量凝聚到创新发展中来，用科技、文化、管理和制度创新推进智慧城镇建设。

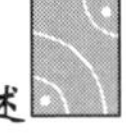

（二）以协调发展理念引领智慧城市全局发展

正如前文所提到的，我国智慧城市的建设与国外最大的一点不同就是我国运用系统论的观点。系统论的观点就是说建设中国特色的智慧城市，我们要考虑整体、考虑全局。城市就是一个整体的系统，不能够割裂地看待，必须要从整体上智慧化地把握考虑规划和建设的方方面面，在城市管理方面也是如此，要讲究以点带面，促进我国城镇化的整体协调和可持续发展。

因此，协调的理念必不可少。协调城乡、协调各个主体，形成多方面治理的局面，同时明确政府及相关部门的职能和责任，统筹协调好各地区、各城市的发展目标和城市定位，鼓励区域分工合作，促进资源的优化配置、避免重复建设。

（三）以绿色发展理念引领智慧城市可持续发展

习近平总书记曾提出："绿水青山就是金山银山"。城市发展的根本目标是为了人。一切活动的出发点都是为人民服务，为人民建设城市、为人民管理城市，为人民提供安全健康、多样可分享的物质、文化、信息产品和服务。这就要求我们的理念必须是科学合理的，不仅要在人居环境上下功夫，做精品工程，还要更加注重人文环境和生态自然环境的建设，建立环境信息智能分析系统、预警应急系统和环境质量管理公共服务系统，对重点地区、重点企业和污染源实施智能化远程监测来促进宜居化生活环境建设。以高速泛在的下一代城市信息基础设施体系、绿色高端的新一代信息技术产业体系推动智慧城市绿色、可持续发展的进程。

（四）以开放发展理念引领智慧城市繁荣发展

智慧城市的建设不是一蹴而就的，也不可能是在闭门造车的理念下就能实现的。智慧城市的繁荣发展必须要做好长期建设的准备，我们不仅要制定详细可行、科学合理的规划，还要不折不扣、条理清晰地分步执行实施下去。与此同时，还要先学习国外先进的经验方法和科学技术，然后根据每个城市的特点、迫切需要解决的问题等，明确需求，因地制宜地利用国际上优秀的方案。但是发达国家的城市建设已经很成熟，要想再有大的改变其实并不容易，他们的城市几乎是十年都不变。通过深化多层级多领域部门之间的部际合作，推行国际试点等方式，利用先进的技术和理念来规划中国的智慧城市建设。奉行互利共赢的开放战略，不仅仅是发展更高层次的智慧城市建设的需要，也是积极融入全球智慧城市的大趋势。只有具备这样的开放理念，才能够构建广泛的利益共同体。

（五）以共享发展理念引领智慧城市和谐发展

智慧城市的建设必须坚持发展为了人民，发展依靠人民，发展成果由人民共享。政府全力推进智慧城市的核心价值也在于民生，在于城市让生活更加美好。大数据时代下要求信息的高度共享，充分分析，智慧城市可以实现城市各类数据的采集、共享和利用，建立统一的城市大数据运营平台，进行数据的共享和资源的利用，进而更加方便地为人民提供便利。

第四节　智慧城市建设的现实意义

在新兴信息技术革命的大背景下，智慧城市的提出成为世界城市发展史上又一次革命性的探索，为城市的创新发展指出了一条可行的路径。将物联网、云计算、大数据、空间地理信息集成等新一代信息技术融入城市规划、建设、运行、管理和服务中，这样的举措对于高效的城市治理和加快城市发展转型都十分重要，在这一过程中，城市化进程中出现的瓶颈和难题都能够得到科学的解决。

一、智慧城市是实现国家城市战略的重要支撑

随着时代的不断发展和进步，我国越来越重视城市的规划和建设。不能简单地把智慧城市看作是城镇化、信息化以及工业化等融合发展的产物。智慧城市作为智能城市、数字城市发展的一种高级信息化形态，是经济发展和

城市转型的转换器，在城市环境、经济以及社会的统一、协调发展中具有着重要的推动作用。智慧城市建设有利于提升城市的整体发展质量，是实现国家城市战略的重要支撑。

（一）提高资源配置效率，提升城市运行质量

随着城市规模的不断膨胀，人口与资源环境的矛盾日益突出，城市发展越来越受到空间、土地、能源、水等资源短缺的约束，同时城市管理的复杂性成倍增加，诸如此类的问题使得人们对美好城市发展的需要与传统的技术手段和管理方式落后的矛盾更加凸显。

智慧城市的建设，首先可以通过信息资源的开放利用，拓展资源有效配置的社会化、市场化途径。其次可以通过对城市运行各要素信息的实时感知、协同共享和开放利用，改变资源配置的方式。这样做有助于优化城市资源配置，提高资源利用效率，更好地优化配置城市中的各种资源，实现城市运行效率和质量的提升。

（二）改进城市治理手段，提升政府管理效能

综合前面的研究分析，滞后的城市管理理念和管理方法是产生一系列“城市病”的根源。传统的城市管理方式简单粗放、效率低下，已经不能适应城市发展的现实需求，无法有效解决各种日益严重的“城市病”。

我们通过智慧城市的建设，利用现代信息技术改进城市管理手段，不仅能够实现精细化、网格化管理，更能够全方位提升政府部门的行政管理能力，提高城市运行管理的效率。在智慧城市的大数据运用中，将现代信息技术与城市管理过程有机融合，通过智慧管理对城市管理模式进行创新，在创新中形成与城市现代化相适应的综合管理体系。智慧城市的建设不仅可以给政府提供一个良好的信息决策平台，同时也可以给居民进行及时反馈提供一个方便的渠道，在大数据的支持下，政府部门可以据此实施更加精准的管理和服务，从而实现市民与管理部门的良性互动。

（三）提升公共服务水平，提高城市生活品质

增强服务能力，以服务代替管理，这正是智慧城市建设的落脚点所在，

智慧城市建设必须呼应国家提出的为民、便民、惠民理念，把为城市居民提供更好服务的质量和效率当作是检验智慧城市建设成效的核心指标。以应用为导向的智慧城市建设可以促进民生服务领域的智慧化应用，有助于提升居民的生活质量。传统的城市服务方式已经不适应如今人民多样化的需求，人民需要广覆盖、多层次、差异化、高质量的公共服务。而智慧城市的出现则有效地促进了这个问题的解决。

智慧城市建设会充分利用开放的社会服务信息，推动信息技术应用与商业模式创新进行结合，创造更加便捷、宜居的城市生活环境，改变人们的生活方式，提高城市居民的生活品质。智慧城市的建设将推动城市公共服务方式的创新，在教育、医疗、就业、养老、交通出行、社会保障、环境保护、公共安全、社区服务等领域，建立便捷化、普惠化的公共服务体系。

（四）带动城市经济发展，推动产业转型升级

建设智慧城市不是对现有城市的缝缝补补，不是机械性片面化地修整城市，而是涉及整个城市发展的全方位调整。通过建设智慧城市，一方面可以有效提高城市经济的发展水平，而且城市居民的生活水平能够实现质的飞跃；另一方面在智慧城市先进理念的指导下，城市经济的发展会更具有前瞻性和可持续性，在发展过程中形成自己独特的核心竞争力。在促进整个国家的发展上，智慧城市可以促进国民经济各行业的创新发展，促进产业结构向中高端转型升级，推动传感技术、物联网、云计算、网络信息传输等相关设备制造业以及软件、管理系统、信息平台等信息服务行业的发展。建设智慧城市的目的不仅仅是推动城市的发展，智慧城市建设可以为各类产业的发展拓展新的空间，而且能够推动整个国家产业结构调整和升级，为实现供给侧结构性改革提供新的抓手，对传统的产业发展起到刺激作用，推动其转型发展。

二、智慧城市是实施社会治理的重要外在条件

之所以说智慧城市是实施社会治理的重要外在条件，原因是多方面的。一方面，从表面来看，智慧城市建设可以带来更多的生产力的发展，从本质

上来看，智慧城市建设是要从根源上推进和创新社会管理的模式，无论是对于社会管理理念还是方式而言都是一场革命性的转变；另一方面，智慧城市的建设始终都离不开智慧技术的支撑。运用智慧技术可以构建更加严密的安全防范体系、更加完善的公共服务体系以及更加科学的社会信用体系。

（一）构建更加高效的城市管理体系

提升城市管理水平和运行效率是一项系统性的工程，在这一体系中包含着许多城市管理中的薄弱环节，主要有城市政务、环境、交通和能源等方面。使用智慧技术来打造全方位的城市公共基础设施数据库，把包含基础设施、城市地理和国土资源等在内的数据信息统统收集进去。由此以来，城市的规划、建设以及公安管理等部门都可以享有更加便捷全面高效的参考依据，城市中大大小小的部件也都有了属于自己的身份信息。

智慧城管、智慧环卫等具体智慧子系统在城市中的应用使得城市管理更加的智能化、规范化和精准化。

（二）构建更加完善的公共服务体系

智慧城市通过加快民生服务、教育、卫生、农业农村、社区等民生领域信息化建设，推动了居民生活向高品质化、公共服务向高便捷化发展，改进了公共服务的质量和效率。例如整合民政、环保、家政和供水等分散在各部门、企事业单位中的公共服务资源，搭建起民生热线服务中心等畅通了群众诉求渠道，完善了公共服务体系。

老百姓盼望的全天候政府也在智慧的公共服务体系中变为可行的现实。智慧农业的推广也是完善公共服务体系中的关键一环。农业与互联网的结合，把农民和农业的生产力又一次地激发出来，使得现代农业的发展更加合理、更加科学高效。智慧校园的推广始终坚持着“以点促面、示范带动、有序推进”的原则，真正地使得每一单位的教育资源切实用到孩子的健康成长和发展中去。

（三）构建更加严密的安全防范体系

平安城市建设是智慧城市建设中的重要环节。智慧城市在整合现有资源的基础上，规划建设了统一视频监控平台、智慧应急、智慧公安、综治维稳、社区矫正等应用系统。智慧城市建设所采取的所有行动不仅是为了最大限度增加和谐因素，而且大大促进了社会安全与稳定。

在平安城市、智慧城市的建设中，昌邑市的做法具有典型性，可复制可推广。其中最典型的做法就是建设统一的视频监控平台。具体的实施方法就是在主要路口及重点部位安装高清摄像头和制高点监控。这样做的意义有四个方面，首先，区别于传统的安全防治，这样做可以节省成本，不仅可以节省运营维护成本，而且可以节省更多的人力成本；其次，跨部门、跨系统监控资源的共建共享和互联互通对于提高社会治安防控能力具有重要意义；再其次，利用企业数字化监控系统对全市矿山、化工企业重点环节、重点部位实时监控，提高矿山开采和安全生产监管水平等；最后，值得特别关注的是社区矫正系统在智慧城市建设中应用。该系统将地理信息系统和手机定位技术应用于社区矫正人员，假如出现矫正人员越界、人机分离、关机等异常情况，系统将通过自动报警、自动备案来解决社区安全问题。

（四）构建更加科学的社会信用体系

智慧城市致力于建设统一的信用信息管理平台。通过平台的建设逐步整合现有诉讼信用体系、中小企业信用体系、农村信用体系、社会中介信用体系等，搭建信用信息管理服务平台。同时，智慧城市完善了部门信用信息共享机制。换句话说，它加强了征信管理，收集、整合信用信息资源，纳入统一的征信系统。依托平台信息，为政府决策提供参考。统一的信息共享平台使信用信息产品的使用覆盖面不断扩大，也有利于建立守信激励与失信惩戒机制。

三、智慧城市是促进社会公平的重要动力

近几年，随着我国城市化进程的加快，社会公平问题逐渐显露出来。作为社会主义核心价值，公平正义是影响社会和谐稳定的重要因素之一。因此，如何正确处理公平与效率的关系也显得尤为重要。现代社会的公平不是简单

意义上的一种行为举措，而是政府政策制定以及居民生活当中的一种理想信念。

（一）转变政府管理模式

居民社会生活中的公平感很大程度上在其政治生活参与过程中得以体现。因此，政府管理模式的改变就显得十分重要。公民在社会活动中是否享有平等的法律地位，是否存在某些领域的特权行为，是否能够受到公正的对待等，就是社会中常见的分布于政治生活诸多领域的问题。

以智慧政务和智慧政府为代表的智能化城市管理系统能够实现过去传统的电子政府向服务型政府的转变。这样的一种模式的转变，能够促进政府内部以及不同的政府之间的协调和沟通，可以轻松地实现业务的协同办理和基本信息的共享共有，可以使得政府部门对现实中的问题进行迅速的处置。当然，阳光政府的建设是离不开社会公众的参与的。智慧的网络公众参与平台的建立能够在技术上解决社会公众参与度的问题。

（二）完善社会保障制度

在城市建设中要做到维护和实现社会公平，一方面是需要加强顶层设计，从制度层面、法律层面和政策层面上创造出公平公正的社会环境；另一方面必须在细节的实施上进行深耕细作，完善社会保障，缩小贫富差距，扩大居民收入，保障居民的医疗、就业和教育等切身利益。

智慧城市建设的目的就是要让居民在整个智慧系统，包括智慧政务、智慧交通、智慧食品安全、智慧教育、智慧环境、智慧社区、智慧建筑等方方面面中实现衣食住行等全方位的舒适生活，公共服务更加高效，食品安全能够得到有效的保障，出行更加顺畅，学习更加多元化，等等。

（三）实现地区间均衡发展

我国的人口分布和资源分布总体上呈现出不均衡的特征。智慧城市的建设对于这样一种极不平衡的发展现状推出了自己的解决办法，推进光纤到户、三网融合、无线城市、物联网和智能管网建设。通过这一举措，在全国各地逐步形成高速、宽带、广泛覆盖的信息通信网络。

在智慧城市建设中，综合信息平台与服务系统、智能交通监控和管理系统、智能公交系统、电子收费系统以及智慧港口等智能化的交通运输体系的建设和发展，使得互联互通与协作发展成为一种常态，同时智慧城市的优越性还在于它能够激发各类创新应用，使得各类资源的流通更加高效。

四、智慧城市是推动经济发展的重要引擎

智慧城市不仅改变了人们的生产、生活方式，也更加注重环境保护与资源节约，减少了对能源的依赖程度和碳的排放。智慧城市努力探索一种全新的城市发展模式，积极适应人类科学发展。

智慧城市的建设一方面会为城市的经济社会发展注入新的动力，比如激发更加具有活力的市场前景，使得资源能耗程度降低，加强产业的带动能力，扩大就业机会等；另一方面可以显而易见地促进相关产业的升级，加快供给侧结构性改革，转变经济发展的模式，鼓励大众创新、万众创业。从科技创新推动经济发展、智慧产业对经济发展的推动作用以及转变经济发展方式三个方面可以很好地对智慧城市建设所带来的经济发展的影响进行一个总结整理。

（一）科技创新推动经济发展

智慧城市是第三次科技革命的产物，建立在物联网、云计算等一系列智慧技术的基础上的智慧城市所在发展的每一步都需要新信息技术的支撑，可以说科技创新带来的技术便利给智慧城市的建设提供了重要的载体。而国家对于智慧城市建设的迫切需求也必然鼓励和拉动相关技术的不断革新与进步，二者相互推动、相互促进。

“科学技术是第一生产力”的生产发展理念从20世纪末开始就已经深入人心，并且在社会实践中得到了检验。科学技术所带来的巨大生产力，在全球化和信息化发展越来越深入具体的今天表现得越来越明显。智慧城市的建设和发展就是建立在信息技术的基础上，通过经济与科技结合的不断深入。

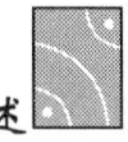

全球化在加速发展，各个国家之间的交往也更加频繁，这些交往不仅表现在人文领域，在科技创新领域的交流与合作中也呈现着进一步扩大化的趋势。这种趋势在智慧城市的建设和发展中会日渐突出，只要深刻把握全球化发展的这一趋势，才能抓住更多的、更好的经济发展机会。

（二）智慧产业推动经济发展

智慧产业是随着数字城市、智慧城市的建设而取得快速发展的以物联网、云计算、计算机、互联网等高新科技为技术支撑的产业。

前文我们已经提到过智慧城市会促进经济的持续发展，那么从智慧城市的发展历程来看，发展智慧城市可以带动一系列产业的发展，在产业发展到一定程度之后就会形成一定的虚拟空间，通过对虚拟空间的不断开发利用来促进产业的更新和升级，带动创新、创业，为经济的发展做出重要的贡献。

就经济发展来讲，如今在全球化大分工的背景下，找到新的经济增长点十分不容易，而智慧城市的建设会形成一个新的经济增长空间。库兹涅茨的《现代经济增长：速度、结构与扩展》指出：经济增长不仅是经济总体发生变化，同时也引发经济结构的变动。在经济发展的过程中，一种经济形态总是与其主导产业相对应。经济发展的过程，是由低层次主导产业向高层次主导产业发展的，由低级经济形态向高级经济形态发展的过程。以信息技术为基础的经济增长点一方面带动了互联网、物联网、传感器、超级计算机、云计算、大数据等新兴产业的发展，另一方面也提高了经济发展水平和质量，使得城市的基础设施建设、城市系统的更新换代健康有效地进行着，促进整个城市朝着创新经济和知识经济转型。

（三）转变经济发展方式

在城市发展初期，多数遵循粗放式的经济发展方式，以资源为导向。而智慧是以技术为导向、以人才为导向、以知识为导向。以知识为导向的智慧城市不仅促进了经济的可持续性发展，而且为经济发展注入了新的动力，改变了传统的经济发展模式，使经济发展更集约、更高效。

从技术和功能层面来说，智慧城市通过引入技术手段，通过不同行业之间的新的协同机制，一方面改变了原有的经济发展形式，使得互联网金融、智慧物流、智慧银行等新兴产业得到快速发展；另一方面提升了智慧城市的创新能力，也助推了智慧城市经济发展方式的转变，有助于实现经济的快速可持续和健康发展。智慧城市建设和发展离不开现代经济的发展与支持，同时二者相辅相成，智慧城市也促进了现代经济的发展，为现代经济发展提供了不竭的动力。

第二章

理论基础、研究框架与数据采集

为了实现智慧城市建设由抽象化建设问题向具象化操作内容的转变，本章采用政策分析系统理论和城市发展理论作为理论依据，同时在上述理论指导下明晰智慧城市、政策分析等基本核心概念，构架出河南省智慧城市建设政策分析的理论框架和逻辑框架，从而进一步明确研究对象和研究内容，整理出合适的研究样本，旨在为后续研究的进行提供理论依据和行为导向。

第一节　理论基础

一、系统理论

系统理论和系统方法在科学研究中有着较为广泛的运用。贝塔朗菲首次提出了一般系统论，他认为“系统是相互联系相互作用的诸元素的综合体”。换句话说，系统是一个具备特定功能的有机结合体，它是由相互依赖、相互利用的若干组成部分组合而成的，而且这个有机整体又是它从属的更大系统的组成部分①。政府泛指各种国家公共权力机关，是一种制定和实施公共政策，实现有序统治的权威机构，是由若干要素组成的开放系统，与一般系统的特征相符。与政府建设发展理念具有密切关联的，具有促进协调社会资源

① 陶家渠．系统工程原理与实践［M］. 北京：中国宇航出版社，2013：15.

分配和经济社会发展作用的公共政策，也被视为一个兼具结构复杂和功能齐全特点的政策系统。系统分析具有整体性、综合性和最优化等要求和优势，因此被视作政策研究尤其是政策分析的最基本的方法，构成了政策科学的主要方法论基础。理解并灵活运用系统分析方法和思想，对于开展政策研究活动极为有效[①]。

政策分析的系统理论认为，公共政策的运行是以公共政策系统为基础的。换言之，所谓的公共政策系统，是由政策主体、政策客体通过一定的政策工具与政策环境相互作用而形成的社会政治系统[②]，它是重要的公共管理工具，旨在实现政治民主、经济发展、社会和谐，体现了政府领导、公共机构、政策体系以及社会公众的法律观和价值观。政策主体是政策系统的核心部分，指直接或间接参与公共政策制定、执行、评估以及监督控制的个人与组织，具体包括立法机关、行政机关、司法机关、政党、公民、大众媒体、思想库等。美国学者詹姆斯·E. 安德森在《公共决策》一书中，从政策主体的身份特性出发，将其划分为官方决策者和非官方决策者[③]。其中，官方决策者是指政治体制内行使公共权力的政策过程参与者，具有合法权威去制定和执行公共政策；非官方决策者不直接参与政策过程，而是通过间接影响政策进入到政策过程中，不管他们在各种政策场合多么重要或处于何种主导地位，他们自身通常并不拥有合法的权力去做出具有强制力的政策决定。由于各国政治体制、经济状况以及社会文化的差异性，各国政策过程、政策主体的构成及其作用方式不尽相同，我国的公共政策主体与西方国家的公共政策主体也不完全一致。政策客体研究的是公共政策的作用对象及其影响范围，指公共政策解决的社会问题（“事”）和政策发生作用的对象（“人”），其中直接客体是社会问题，间接客体是目标群体[④]。每个政策机构所颁布的政策具有固定的作用范围。在我国，政策作用最为广泛的是由党和国家所制定的政策，是绝大多数社会成员的行为准则和标准；政策的作用范围相对狭窄的是由地

① 陈振明．公共政策分析［M］．北京：中国人民大学出版社，2003：416.
② 陈庆云．公共政策分析（第二版）［M］．北京：北京大学出版社，2011：264.
③ 詹姆斯·E. 安德森．公共决策［M］．唐亮，译．北京：华夏出版社，1990：44－48.
④ 陈庆云．公共政策分析（第二版）［M］．北京：北京大学出版社，2011：74－76.

方政府或其他行政部门颁布的政策，仅限某一地区、某一领域或某一部门的社会民众①。政策工具，又称治理工具或政府工具，是指人们为解决社会问题或达成政策目标而采取的具体方式和手段。政策方案只有在采取适当的政策工具后才能有效达到执行目标，从而达到政策设计的理想状态。因此政策方案是目标和结果的纽带，是将政策目标转化为具体行动的机制和路径。依据分类标准的不同，可以将政策工具划分为不同类型。例如根据政策工具产生的作用和影响，罗思韦尔（Rothwell）和泽赫费尔德（Zegveld）将政策工具划分为供给型、需求型和环境型工具，可以广泛应用于科技、产业和社会政策的分析中；而豪利特和拉米什依据政府的强制性程度，将政策工具分为自愿性、强制性和混合性工具，这种分类方法具有较强的包容性，比较适用于医疗、养老、公共产品和服务等政府主导性较强的政策领域。政策环境是指作用和影响公共政策的外部条件（包括自然条件和社会条件）的总和；公共政策是随着社会的发展由环境的需要而产生的，二者之间是一种辩证统一的关系，相互联系、相互依存、相互影响、相互作用。公共政策环境是多层次、多方面的，有国内与国际之分，也有宏观与微观之分，还可分为政治、经济、自然等单一要素，只有准确认识与把握公共政策环境，才有可能制定出最优的公共政策。

基于系统论的观点，可以把公共政策看作是由公共政策主体、客体、环境、工具等各要素相互作用而构成的系统，这个政策系统不是静止的而是动态的，是一个不断输入、转化、再输入的运行过程。公共政策是政策系统对外部环境变化做出的反应，政策环境为政策主体传达外部的需求和支持，从而输入政策系统。政策主体和政策客体通过若干政策工具的相互作用进行系统内部调节转化形成政策方案，输出的政策制度是政策系统与外部条件互动的结果，也会作用于政策环境产生，产生新的需要和支持继续输入到政策系统，产生新的政策输出。在此种循环往复的互动过程中，接连不断地产生新的政策法规，维持政策系统日后的正常运行。系统理论模型如图2-1所示。

① 陈振明．公共政策分析［M］．北京：中国人民大学出版社，2003：50-51.

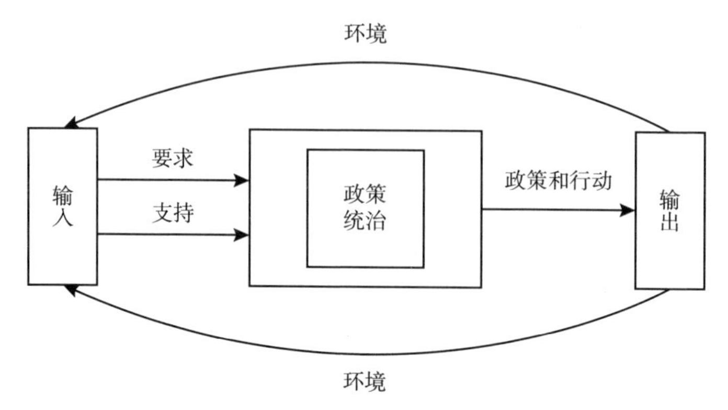

图 2-1　系统理论模型

资料来源：谢明．政策分析概论［M］．北京：中国人民大学出版社，2004：160.

对政策系统的分析自然要以系统分析的基本原理为指导。由于系统内部许多因素相互联系、相互作用，并处于不断变化和发展之中，同时还会受到内部调节和外部环境的影响，因此在进行系统分析时，应遵循如下基本原则：第一，外部环境和内部条件相结合；第二，局部利益和整体利益结合；第三，短期利益和长远利益相结合；第四，定量分析和定性分析相结合①。

尽管系统理论拥有无与伦比的优越性，但在现实运用中也存在不可忽略的局限性，如难以做到协调系统分析中各种方法之间的矛盾，并且由于认识程度及分析方法的有限性和研究问题的复杂多样性，我们难以创建一个将定量分析中的指标等与定性分析的结果进行直接对比的完整体系。为了提高公共政策系统分析法的有效性及科学性，必须克服系统分析法存在的缺点，充分发挥其优越性。在智慧城市建设政策系统分析的过程中，也会遇到与上述类似的问题。因此，本书在搭建研究框架和选取研究方法时，要根据研究内容的特点采取针对性的研究手段，不仅重视定量方式的采用，使智慧城市建设政策系统的分析结果更加客观科学；而且结合实际的定性分析，旨在合理解释和证明定量分析的结果，形成相辅相成的定量、定性相结合的论证体系，

① 陈振明．公共政策分析［M］．北京：中国人民大学出版社，2003：422.

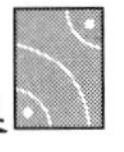

科学有效地运用系统分析方法，实事求是地勾勒出较为完整的智慧城市建设的政策系统。

二、城市发展理论

（一）城市发展的内涵及理念

一般而言，对于城市起源的原因、时间及其作用，不同的学者有着不同的见解，在学术界尚无定论。但是已经成为学界共识的观点主要包括对于城市的认识和经济基础。城市的出现是人类社会发展到一定程度的必然产物，标志着人类社会向文明更进一步。城市作为人类群居生活的高级形态，一个主要的标志就是城市的社会生产力除了能够满足人们的基本生存生活需求外，还一定存在着剩余产品。

城市的发展可以认为是人类居住环境不断演变的过程，也可以认为是人类自觉和不自觉地对居住环境进行规划安排的过程。换句话说，城市发展是指城市在一定地理区域内的地位、作用及其吸引力、辐射力不断变化增长的过程，是满足城市人口逐渐增长的多重需求的过程，包括量的增长和质的提升。其中，量的增长表现为城市数目的持续增加和规模范围的不断扩大，即城市化水平的提升；质的提升则主要表现为城市功能和现代化水平的逐步提升。从空间角度对城市发展进行定义，城市发展是现存于一个国家或某个地区的独特的居民点形式；从经济角度而言，城市的第二、第三产业是整个区域乃至国家经济整体中的重要组成部分。城市作为地域经济、生产、技术、人口、政治、信息、文化等的聚集点，对其周边地域具有一定的吸引力，在其运行过程中对周边地域产生一定辐射力。考察城市发展，一方面要关注其自身增长变化的具体情况，另一方面更要注重考察其对周边地区吸引力、辐射力的详细改变，即考察其在周边地区中所发挥的作用以及对周边地区“贡献率”大小的变化。

随着城市化进程速度的加快，我国城市发展已然进入新阶段，绝大多数城市都在进行范围的加速扩大，城市总体规划也在不断调整和完善，城市基础设施建设规模也在不断增加，城市发展已成为不可阻挡的潮流。为了促进城市可持续性和科学性地发展，要树立正确的城市发展理念。首先，树立“以人为本”的治理理念。城市的主体是人，人才会推进城市的发展。人是城市和城市化的主体与核心，也是城市发展的目的和归宿。城市发展中“以人为本”的理念体现在很多方面，比如为市民创造足够的就业岗位，创造良好的城市环境等。其次，树立“城市是财富”的发展理念。城市是人民群众劳动的结晶，其形成、演变和发展的过程是一个相对完整的社会产品，它不仅具有丰富的物质价值，更具有浓厚的精神和文化价值。爱护城市中的每条街道、每个文化作品以及它的全部，都是“城市是财富”理念的体现。再其次，树立“绿色”的发展理念。一方面，要大力促进循环经济的发展，从资源开采、生产消耗、废弃物利用和社会消费等环节入手，促进资源综合利用和循环利用的发展效果。提高资源利用率的同时降低资源和能源消耗，从而达到治理环境污染的目的。另一方面，建设低碳生态城市，发展“绿色”建筑，降低建设中和建筑使用中的能耗，同时也可以大力发展绿色低碳交通，构建以大运量公交和轨道交通为主的交通体系，积极实施公交优先战略，减少小汽车的出行比例，鼓励短距离采取骑自行车或步行的交通方式。最后，树立城市安全的发展理念。城市是人口和经济社会活动聚集的场所，同等程度的灾害相较于偏远山区来说，对城市产生的损失严重更多。因此，城市的可持续发展务必要重视城市安全，城市管理者要树立“城市必须安全”的理念，采取设定科学的城市设防标准、保证工程质量、编制城市防灾规划等措施。

（二）城市发展的一般规律

所有城市都需要遵循共同的城市发展一般规律，而这些规律又体现在区域理论、经济学及经济全球化理论、城市进化理论、人文生态学理论等相关理论中，现就这些理论作如下阐述。

第一，在区域理论中，认为城市是区域环境中的一个核心。城市作为一种包含了自然环境的人工环境是整个地域环境的一个组成部分，是一个地域环境的中心。无论将城市看作是一个地理空间、一个经济空间，还是一个社会空间，城市的发展与建设始终是在与区域的相互作用过程中逐渐形成的。城市与区域之间的这种相互作用的关系可以概括为：区域产生城市，城市对区域存在反作用，城市与区域的发展是相互促进的。城市的中心作用与周边区域社会经济的发展呈正相关关系，而区域社会经济水平也会正向反作用于中心城市的发展。法国经济学家佩鲁创造出增长的极核理论便是对这一现象的生动阐释。城市对周围区域和其他城市的作用是既不平衡也不同时进行的，而且城市作为增长极与其腹地的基本作用机制可以分为极化效应和扩散效应①。极化效应主要是指生产要素向增长极聚集的过程，具体表现为增长极的上升运动。同样地，虽然说在城市成长的初级阶段极化效应会起主要作用，但是当增长极增长至一定规模后，该效应就会相对或绝对减弱，而扩散效应就会相对或绝对增强，直至扩散效应代替极化效应进一步发挥主导作用。此时，由扩散效应所带动，城市的极化效应会在更大的范围和更高的层次上得到提升。

第二，城市经济活动这一关键因素，在经济学及经济全球化理论中，被认为是决定城市发展的重要因素之一。相关研究认为，以满足除城市以外的其他地区的各类需求为目标的基础产业和以满足城市内部消费需求为目标的服务产业大致构成了一个完整的城市产业。

基础产业在城市经济活动中具有重要地位，是一个城市发展的关键所在。基础产业作为城市经济的主体力量，它的发展与城市经济的整体发展呈正相关关系。20 世纪 80 年代以来，全球经济一体化的趋势越来越显著，城市发展越来越受到全球经济环境的影响和跨国资本的外部控制，并且随着全球化经济结构的转化，发达国家和发展中国家的产业结构也在逐渐调整中，城市发展的经济结构也随之发生转换，如在全新的世界经济格局中，少量全球化中心城市涵盖控制、管理功能的集聚，而制造、装配功能在大城市中扩散。

第三，在城市进化理论中，阐述了城市发展与经济结构转型的关系。总的来说，城市化进程一般可以分为以下几个关键阶段：城市化、郊区化、逆城市化和再城市化。在城市化的研究中把城市化的发展时期详细划分为两部

---

① 弗朗索瓦·佩鲁. 新发展观［M］. 北京：华夏出版社，1987：5 - 206.

分，一部分是绝对集中时期，主要是阐述在工业化阶段，人口从乡下往城市转移的过程，在这一阶段的典型标志就是城市人口快速增加；另一部分是相对集中时期，这一时期是指工业发展已经趋于成熟，人口虽然还在继续向城市迁移，但是也出现了城市人口向郊区扩散的现象，这一时期仍然是城市人口数量大于郊区人口数量。这两个时期的城市发展具有一定的共性，那就是城市人口的增加是主旋律。而两者的差异主要表现在相对集中时期，郊区人口的增加开始显现并不断发展。

城市化发展的绝对分散时期和相对分散时期存在着不同的现象。我们一般认为与郊区化相对应的时期是相对分散时期。在这一时期内，第三产业经济比重超越第二产业经济，工业化发展进入后工业化时代，郊区人口增长速度高于城市人口增长速度。城市化的进一步发展便是逆城市化阶段，这一阶段与绝对分散时期相对应，第三产业的主导作用逐步增强，人口从农村向城市迁移的现象逐渐消失，与之相反的是部分区域内出现人口从内向外迁移的现象，城市人口下降，郊区人口增长。这二者的相同之处是郊区人口增长占主导，不同之处则是绝对分散时期城市人口逐渐下降。依据城市进化理论，我们认为西方发达国家已进入后工业化社会的成熟发展期，而第三世界的发展中国家仍处于工业化社会的初级阶段。

第四，在人文生态理论中，认为人类社区空间关系形成、发展的重要因素是相互依存、相互竞争。相互依存既增强了社会分工，又使整个社会紧密团结在一起，以促使人类在空间上的集中；而相互竞争因追求生产效率而促进社会分工，社会分工增强的同时又促进了相互之间的依赖性。同时城市生态系统的平衡是保持城市健康发展的必要条件，在城市发展的过程中，城市生态系统与其他生态系统之间进行着极为复杂的物质、能量的交换以及各种人才、信息的交流，并保持着一定程度的相对均衡①。城市生态一旦严重失衡，将会出现各种城市问题（如交通拥挤、资源紧张、环境恶化等），对城市发展起阻碍作用，甚至导致破坏性的结局。

城市发展理论是城市建设发展的重要基石，在一定程度上呈现了目前世

---

① 张敬淦. 从历史经验出发研究北京城市发展中的规律性问题［J］. 城市问题，2006（1）：3-6，15.

界城市发展的基本特点和公共行政发展的规律与态势。如上述理论，对河南省情景下的城市发展，尤其是关于智慧城市的建设和发展，应立足于河南省的现实情况，遵循城市发展的一般规律，以恰当的发展方式和理念实现智慧城市健康、科学、高效的发展。

第二节　概念界定与研究框架

一、概念界定

概念是“思维的基本形式之一，反映客观事物一般的、本质的特征”。布列钦卡认为，“无论是明确地表述问题还是检验假设，根本性的前提就是需要清晰的概念。假如人们对其正在寻找的东西没有清晰的认识，任何观察和实验都会无济于事”[①]。从概念的内涵和其重要性出发，公共政策是政策科学和政治管理的基础，政策分析法和智慧城市建设政策在公共管理领域的运用已较为成熟，国内外学者对于二者的内在含义仍各执一词，因此，对于二者内涵的梳理界定是本书的重要基础和探求起点。

（一）智慧城市的概念和内涵

城市化发展到20世纪90年代时，随着城市人口数量的快速增长和城市化问题的不断加深，国外学者首先具有针对性地提出了智慧城市的相关理念。格拉汉姆和马文（Graham and Marvin，1996）在《电信和城市》一书中指出在信息化时代，城市不仅具有传统的社会和经济中心等功能，而且还应将其作为信息通信技术网络中心的功能纳入考虑，即把信息通信技术看作是类似于饮用水、能源的城市关键基础设施，将电子信息技术运用到城市各个组成零件中，使城市的各个运作部分变得更加“智慧”，使城市生活更加便捷，

① 沃尔夫冈·布列钦卡．教育科学的基本概念——分析、批判和建议［M］．胡劲松，译．上海：华东师范大学出版社，2001：11.

更有活力，提高居民的幸福感①。21 世纪，伴随着新一轮的信息技术革命的开展和进步，智慧城市理论研究也取得了很大的进展。坎特（Kanter，2009）在《知情与互联：智慧城市宣言》中对于城市的建设者们应该把我们的城市建设成什么样子以及如何做到这样的效果进行了深入的阐释。他指出，城市领导者要建造的城市应该是一个拥有着舒适的自然环境的智慧世界，在这个智慧世界里，一切活动都将是更加便利和高效的，也将是流动性较强而且能耗较低的世界。这样的智慧世界以智慧城市的形式为城市居民提供更加优质的公共服务，城市的领导者们也能够更快地做出决策并促进合作的开展②。2010 年，IBM 经过研究正式提出了“智慧城市”愿景，认为城市是由关系到城市主要功能的不同类型的网络、基础设施和环境六个核心系统组成，即组织（人）、业务/政务、交通、通信、水和能源。同时提出四大基础设施之间深度融合、四大基础设施与虚拟网络之间的深度融合、实时数据的深度融合都是通过信息技术实现的，这三种融合也同时实现了城市的全面感知与互联互通，以上主要侧重于城市的智慧化的技术层面体现③。此外，也有部分国外学者从智慧城市构成要素方面来研究智慧城市的内涵。泰宇和特里萨（Taewoo and Theresa，2011）在已有概念研究的基础上，提出智慧城市应由技术（硬件基础设施与软件）、人文（创造力、多样性和教育）以及制度（治理与政策）这三个核心要素组成，针对这三种要素之间的关系描述完成了智慧城市的概念化过程。他们认为，智慧城市是通过有效地参与治理以及社会资本和社会信息基础投资的投入比重增加，来促进社会低碳可持续增长，提高居民的生活品质和城市生活的便捷性。

2009 年 11 月，时任总理温家宝在中国科学院成立 60 周年庆典活动上发表题为《让科技引领中国可持续发展》的讲话，首次提到“智慧地球”和“感知中国”，提出要着力突破传感网、物联网关键技术，使信息网络产业成

---

① Graham S，Marvin S. Telecommunications and the city：Electronic spaces，urban places［M］. London：Routledge，1996：2.

② Kanter R M，Litow S. Informed and interconnected：A manifesto for smart cities［R］. Harvard Business School General Management Unit Working Paper，2009：9－141.

③ Harrison C，Eckman B，Hamilton R，et al. Foundations for smart cities［J］. IBM Journal of Research and Development，2010，54（4）：1－16.

为推动产业升级、迈向信息社会的“发动机”。此后，国内众多学者以实践为引领，纷纷投身于智慧城市研究的热潮。王辉（2010）从技术推动的角度出发，提出“智慧城市核心思想是利用先进的现代信息技术，通过对城市运行中的关键信息进行全面的感知、智能的分析、系统的整合，以便为市民提供便捷的高品质服务，为企业提供广阔的创新空间，为管理部门提供精细的城市管理工具”[①]。在钱志新（2011）看来，通过智能化改造城市，来实现通透感知、互联互通和入智深能，最终实现智慧城市。狭义智慧城市和广义智慧城市是骆小平（2010）提出的，该角度来自民生和城市管理，其中狭义的智慧城市是指利用各种先进的技术手段使城市生活更便捷，尤其是信息技术手段改善城市状况；广义的智慧城市是指用人的智慧和先进的科学技术发展并管理好的城市[②]。

学者们对于智慧城市的定义，主要从四个维度进行解释：首先，科研人员应加强信息技术的研发，为智慧城市的建设打下坚实基础，同时还要注重制度政策的制定，为其创造良好的运行环境，然后在此基础上对城市发展的目标进行动态调整，以促进其健康稳定的发展；其次，他们认为智慧城市的本质与目的都与人密切相关，必须坚持将信息和知识资源的充分利用作为智慧城市建设的核心，把人和物的智慧有效地相结合，实现人与社会的可持续发展，实现网络的互联互通；再其次，他们指出在已有的实践基础上，智慧城市应该加强技术在所涉及的智慧生活、智慧物流、智慧教育、智慧旅游、智慧医疗、智慧经济、智慧政府等领域的应用，而不是无目的无组织地研发信息技术；最后，智慧城市的内涵应该是在高新技术的基础上进行资源优化配置，加快各行政管理部门管理办事速度、优化各行政管理部门管理办事成果，从而成就居民的幸福生活。因此，本书认为智慧城市是在充分利用各种先进信息技术的基础上，改造城市的核心体系，优化资源配置，实现城市智慧化管理，提升城市生活质量（包括物质生活和精神生活），进而实现经济、社会和生态的可持续发展，增强居民的安全感和幸福感。

---

① 王辉，吴越，章建强．智慧城市［M］．北京：清华大学出版社，2010：4.
② 骆小平．“智慧城市”的内涵解析［J］．城市管理与科技，2010（6）：35－36.

（二）公共政策、政策分析和政策文本分析

公共政策是由20世纪50年代美国政治学家所提倡的政策科学中演变而来，在政策科学的发展中，学者们通常以政策替代公共政策这一名词，而从政策与公共政策的概念辨析，虽然“公共政策”与“政策”两者具有相似的内涵，但政策不完全与公共政策相容。政策从广义上来说是指组织或个人等特定群体为实现某一目标而制定的一种准则和规划，并将该准则视作未来一段时间内活动发展的主要标准，政策主体是个人、团体或国家机关；从狭义上讲是指国家、政党为实现某一社会历史时期的路线和任务而制定的行动规划，主体主要是指公共权力机关或政党。而公共政策就是以执政党和政府为主的公共机构，在某种政治背景下，通过辩论、合作、竞争等路径，以科学的方法选取适合的工具，并采取相应的行动解决社会公共问题、维护社会公共利益的活动过程，它有明确的主体、客体以及价值取向。我国通常结合了本国的政治特点和基本国情解释公共政策概念，第一，公共政策制定的主要主体通常是国家、政府以及执政党；第二，公共政策的深层含义和本质是以维护公共利益为目标，实现对社会利益的权威性分配；第三，公共政策的主要表现形式是法律法规、命令或行政规定、政府大型规划、国家领导人书面或口头指示、具体行动机会及相关策略等；第四，公共政策的主要作用是引导和规范公共政策接收者和公共政策执行者的行为。

在公共政策分析中，政策研究、政策科学和政策分析是三种概念名称不同，但本质相同的说法。“政策研究”是一个最为广义的概念，涉及对公共政策内容的描述和评价环境对政策内容的影响，分析各种制度和政治过程对政策的影响，探究政策对政策系统产生的影响，政策对社会产生的可预料和不可预料的后果等。拉斯韦尔认为“政策科学”是为适应现代社会所面临的许多重大社会问题复杂化处理的需要而发展起来的学科领域，几乎包括了人类创造的所有知识领域，尤其是公共政策产生过程及其中的知识。而关于“政策分析”，威廉·N. 邓恩认为其是在政策制定的各个环节中创造知识的一项活动，该活动是针对整个政策制定过程的。同时必须对公共政策的产生

原因、结论及其执行情况展开认真的分析和调查①才能创造和获得政策分析这种知识。进行政策分析更深层次的目的是增强政策的知名度，而不仅仅是帮助政策主体制定更科学有效的政策，提供改善民生实践所需的知识，解决各类重大的社会公共问题，实现社会资源的有效配置。陈庆云则将公共政策分析视作公共政策研究中最活跃、最有成果的研究领域，它是“对政府为解决各类公共政策问题所选择的政策本质、产生原因及实施效果的研究”②。

文本分析主要是指对文本的表示及其特征项的选取，是文本挖掘、信息检索的一个基本方法，它把能够代表文本的特征词进行量化分析以表示文本信息。随着时代的发展需求，文本分析特别是对官方文件的政策文本分析在社科研究中具有独特地位。近年来，政策文本分析法逐渐受到广泛应用，它作为一种跨学科的公共政策分析手段和形式，同时在环保政策、教育政策、创新政策、创业政策和科技政策等领域深入推广。在理论发掘和实践检验中发现，政策文本分析有助于从微观角度解释预测政策制定走向，同时宏观把控政策制定情况，并已得到了充分发掘和认可。涂端午（2007）认为，政策文本分析是从不同理论视角和学科背景来分析法律法规和政府条例等公文的文本分析方法的集合③。政策文本分析可分为三种类型：一是比较纯粹的文本定量分析，最一般的表现是统计文本中某些关键词的词频，重在描述文本中的某些规律性现象或特点，属于传统的内容分析；二是对文本中词语的定性分析，多从某一视角出发对文本进行阐释，属于话语分析范畴；三是综合分析，即文本的定量分析与定性分析相结合，对文本既有定量描述也有定性阐释甚至还有预测。无论是对文本的描述、阐释还是预测，作为一种跨学科的研究方法，政策文本分析的深层内涵都在于对文本的分析，最终要走出文本，走出文本的过程也就是从具体中抽象概括出一般的过程，是透过文本显性话语考察政策话语运作本质，以此来揭示政策过程中的价值分配和斗争的过程，是文本理论化的过程。本书主要采用第三种类型的政策文本分析，将

① 威廉·N. 邓恩. 公共政策分析导论（第二版）[M]. 谢明，杜子芳，等译. 北京：中国人民大学出版社，2010：1.

② 陈庆云. 公共政策分析（第二版）[M]. 北京：北京大学出版社，2011：17.

③ 涂端午. 教育政策文本分析及其应用 [J]. 复旦教育论坛，2009，7（5）：22-27.

定量研究和定性分析相结合，有助于增加政策挖掘的深度，积累政策理论知识，在丰富对政策及其过程理解的同时，最终改善公共政策的制定过程和出台政策的质量。

二、研究思路和框架

托马斯·戴伊认为，所谓的公共政策就是政府选择做的或选择不做的事情，因此基于政治学角度的政策分析应回答三方面的问题：第一，政府做了什么，即需要针对政府制定的公共政策的形式和内容进行细致分析概述；第二，政府为什么要这样做，即需要研究公共政策颁布的背景和成因；第三，政府的作为产生了什么结果，即需要对公共政策实施后产生的效果与影响进行总结和评估①。

社会状态的变迁和演化能够被公共政策敏锐地反映出，所研究领域社会结构和组织形态的变化也能够被政策演进深入地体现出，对政策内容的考察则能够为探查政治机器的内部动力学提供手段②。智慧城市建设的重要主体是各级政府和国家，其建设意图通过正式颁布的智慧城市建设政策来集中体现。城市建设的制度化、规范化是当前加快智慧城市建设进程，推动社会经济政治体制改革，实现建设社会主义现代化强省的有效方法。系统、充分地了解智慧城市建设政策便成了研究智慧城市发展方式的关键所在。河南省各级层面各单位对各地市行政机关进行统一领导，制定的政策措施对省内全部地方政府和居民有效；省级单位统一领导各地方政府部门负责管理辖区各个方面的工作。因此，梳理和总结河南省省级层面各单位制定的有关智慧城市建设的政策是研究本省智慧城市建设政策的重点所在。目前，针对河南省智慧城市建设研究中的主要不足之一是对智慧城市建设政策整体性、精确性的认知不足。在智慧城市建设受重视程度逐步加深的环境下，政府做与不做究竟有何不同，河南省颁布了多少与智慧城市建设相关的政策受重视，这些政

---

① Thomas R. Dye. Understanding public policy [M]. Upper Saddle River: Perntice Hall, 2002: 1.

② W. I. Jenkins. Policy analysis: A political and organizational perspective [M]. London: Martin Robertson, 1978: 93, 105, 107.

策是由谁来制定的，涉及了哪些部门和领域、具有何种特征，等等，学界对于这些基本问题的认识仍然很模糊。而缺乏对这些政策的基本了解，不仅会使研究者难以从宏观维度把握智慧城市政策现象，较难发现和提取有重要意义的研究问题，而且会在一定程度上阻碍我们对智慧城市建设趋势走向做出科学预测，对城市未来规划做出科学管理设计。

结合托马斯·戴伊的政策分析主要观点，再根据前文所述，本书综合运用应用社会语言学、统计学、行政管理学和公共政策学等多学科领域知识，以公共政策分析的基本理论框架和河南省省级层面颁布的智慧城市建设支持政策为出发点，通过收集政策文本和逐步深化的政策文本分析，探析河南省人民政府颁布的智慧城市建设架构和建设重点、政策工具、主体分布、历史演进、未来发展态势以及智慧城市建设支持政策的影响因素等内容。针对河南省智慧城市建设重点和建设内容进行分析，解决“建设什么”，此项与政策分析的第一方面对应；回答“为什么建设”，此项与政策分析的第二方面相对应，通过建设政策的影响因子分析；回答“谁来建设”，智慧城市建设活动属于综合性问题，是多个社会领域共同面临的，具有建设主体复杂的特点，此项有必要进行智慧城市建设的主体分析；而目标应如何实现、如何正确使用措施方法则与政策工具联系密切，因此，需要针对政策使用工具进行分析，回答“如何建设”；同时，通过系统化地了解智慧城市建设的发展历史与演变，得出其演变规律，科学预测未来趋势，最终回答“建设的规划”。上述“五分析”是本次河南省智慧城市建设政策研究的主要内容。

此次研究在公共政策文本分析中，以定量的内容分析和社会网络分析为重点，以问题为导向，探析河南省出台的智慧城市建设支持政策，解决这些政策由谁来制定、涉及哪些部门和领域、具有什么样的特点等问题。由于政策主体、政策客体、政策工具以及政策背景等内容均囊括在政策文本中，因此通过对政策文本各要素系统的编码，政策主题涵盖事实的内部联系、本质及其发展态势可以被分析、解释和预测。以事实为根据是定性的话语分析的特点，通过政策文本的词、句、段、篇等各个层面的话语结构，挖掘政策话语现象的结构形式和背后存在的意义关联、阐述特定的公共政策现象。整个研究采取宏观角度，内容的考察研究从微观进行，继而回归宏观视角，采用

政策执行后期分析中的回溯性分析方式，以揭示河南省智慧城市建设政策的状况。采取上述理论研究与实证研究相结合的方式，力图对未来智慧城市建设提出针对性建议。本研究具体架构如图 2－2 所示。

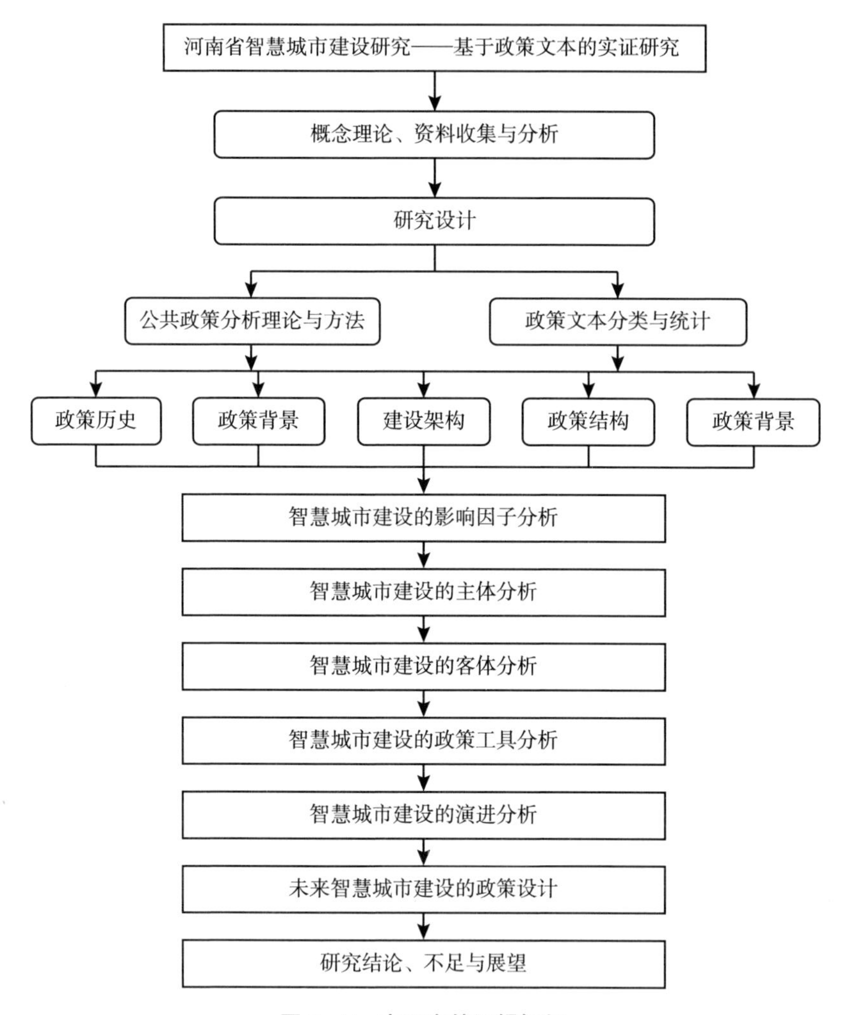

图 2－2　本研究的逻辑框架

依据托马斯·戴伊论述的政策系统中公共政策、政策利益相关者和政策环境这相互关联的三要素和此次对公共政策系统以及其中因素的研究问题，

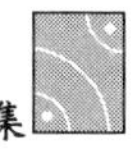

在公共政策分析的系统理论和模型的基础上，架构出本研究的理论框架，本研究的理论框架如图 2 -3 所示。由图 2 -3 可知，智慧城市建设系统是由建设主体、建设客体通过一定的建设工具与建设环境相互作用而形成的。建设主体通过某种建设工具作用于建设客体，主体又会被客体的变化反作用，并改变建设环境，调整后续的建设措施，无限循环地进行下去，这一过程通过政策出台予以完成。而建设政策包含建设系统，建设系统被政策调控、输入，经过其内化后又外化输出，从而影响政策的后续调整。多个政策相互作用补充、共同形成建设政策的内部。而政府建设整体体系中包含建设政策（政策带、政策集合），政府对事务和社会事务建设理念通过建设政策体现。依据公共管理中建设政策的实际实施效果，进一步调整政府建设的未来走向。一般环境影响政府建设，环境的变化会成为政府建设的支持与要求，同时政府建设的情况会反作用于环境，导致环境的变化，继而出现新的支持与要求。在此理论框架下，本书聚焦于河南省智慧城市建设系统中建设主体（“谁来建设”）、建设客体（“建设什么”）、建设工具（“如何建设”）以及建设环境（“为什么建设”）在政策中的体现与改变，并探析河南省智慧城市政策可能的发展（“未来的建设”）。

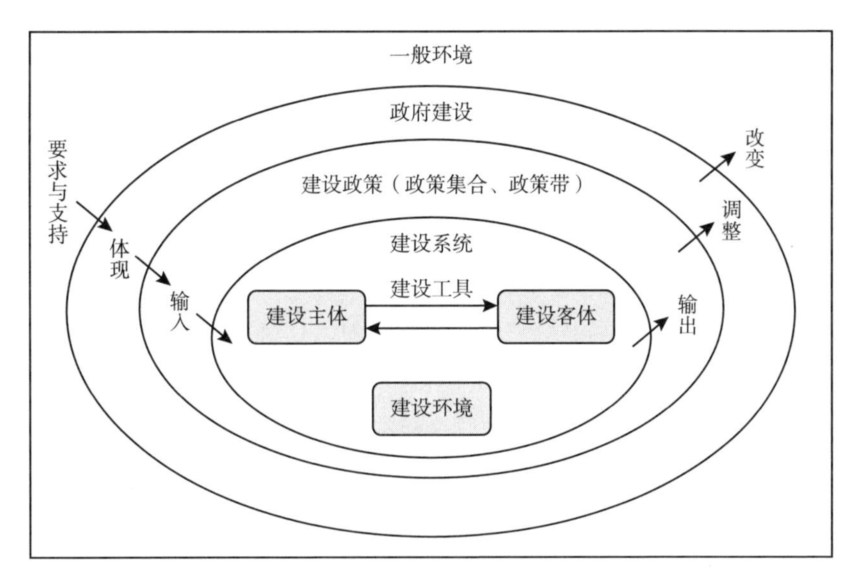

图 2 -3 河南省智慧城市建设政策分布的理论框架

第三节　研究范围界定与数据采集

一、研究对象界定与原则

智慧城市政策是由政府部门颁布的，包含智慧/信息化基础设施建设、智慧/数字城管、智慧/电子政务、智慧教育、智慧医疗、智慧旅游、智慧交通、智慧产业等促进智慧城市建设与发展的政策文本的总称①。为了深入研究河南省人民政府颁布的关于智慧城市各个层面政策的具体情况，探析河南省智慧城市建设的现状，本书所称的智慧城市建设政策文本仅限于由河南省人大、省人民政府、省人民政府办公厅、科技厅、住建厅等省直属部门作为政策制定主体，为保障和促进智慧城市建设发展，以正式书面形式单独颁布的或联合颁布的各种地方性法规、规章和规范性文件等。

由于智慧城市建设政策与政策带中很多领域的政策存在交叉重叠（新型产业发展、信息化建设、大数据建设、电子政务管理等），在选择本书的政策样本时，遵循以下五项基本原则。

第一，公开性。对于没有在社会上公开过的政策文本不作为本次研究的样本来采纳，本书选取的政策样本均为河南省级相关部门以公开出版方式发布的政策文件。对于那些我们无法获取到的政策文件，通常都是关于部分智慧城市建设的保密性极强的政策文件，我们所采用的方法类似于国外学者研究中国问题时无法获取需要的直接材料，就会采取类似于情报学的办法，通过间接资料展开分析得出研究成果，这种办法被实践证明是正确可行的。

第二，全面性。本书所研究的政策样本范围是2008～2019年的所有有关河南省智慧城市建设的政策文件，以确保本研究最大可能整体反映出智慧城

① 王法硕，钱慧．基于政策工具视角的长三角城市群智慧城市政策分析［J］．情报杂志，2017，36（9）：86－92.

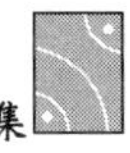

市建设政策文件的特征。

第三，权威性。本书所选择的政策文本主要取自河南省人民政府门户网站以及各个省直属部门的门户网站等权威来源，目的就是要严格确保本次研究的权威性。最终获取的政策文本均具有完整且明确的发布部门、文件标题、文种、文号、文件内容和发布时间等信息要素。

第四，相关性。由于智慧城市建设涉及范围广泛，为了保证研究的全面性，政策名称中不含“智慧城市”字样，但其内容与智慧城市建设关系密切或有关联和影响的政策文件，也纳入此次的统计和分析范围。

第五，唯一性。为避免联合发布的政策公布于各个部门官网等原因导致的重复收集现象或由于政策名称不同但内容相同而产生研究不准确的现象发生，本次研究加大力度对收集的政策文本样本进行了一系列的处理，包括查重、规范处理等，最终目的都是要保证样本整体的分析结果是科学的、有效的。

需要特别说明的是，为了保证研究的严肃性和准确性，本次研究选取发布政策的部门时，对于那些仅对本部门有效的政策文件不纳入样本范畴。由于各部门在政策文本有效期内可能会经历机构调整和重新划分，虽然在样本政策文本收集时以公开、全面、权威、相关和唯一为目标，但样本仍存在纰漏的可能性。对所收集到的政策样本发布部门、发布时间等文件基本属性的初步判断，认为样本已满足研究问题材料数量和质量的要求，不会影响后续分析和研究成果的归总。

本书最终确定的124份政策文本，都是严格依据上述政策研究范围和样本选取原则，经过课题组成员两轮收集和甄选工作最终确定下来的与智慧城市建设有关的政策文本。

本书在前期的技术处理上，一方面对河南省智慧城市建设的支持政策进行系统化梳理，并对其基本特征进行归纳总结；另一方面对样本政策文本的建设客体、建设工具等以词、句、段、篇、章为形式进行话语分析，对样本政策文本的建设环境、建设主体、政策演进等内容进行了系统编码、定量分析和社会网络分析。政策文本分析采用的统计方法有着十分积极的作用，首先是为简要、精准地概括研究发现提供了精确方法；其次从宏观维度把握政策发展过程，可以提升解释和结果的质量；最后从中观和微观维度把握定性的话语以探讨政策实情，对各政策间进行实质性的分析比较，增强发现和推论的解释力。

二、政策文本分析的变量和编码体系

（一）变量确定与编码表的设计

在政策文本的分析中，要慎重地把握好单词与大段文本的关系。只有采用多方面多角度的分析方法对涉及的单词进行深入研究探讨，才能够充分而且全面地挖掘出其蕴含的深意[①]。这种分析探讨一般包括关键词、结构分析、认知地图和词语数量分析等。这样做的原因在于，定性数据大部分以自由组织文本的形式呈现。单词作为最基本且有意义的单元组合，其意义只有在大段的文本中才得以体现。

做研究不能只做表面功夫，搞研究必须要揭示出这些政策本身隐藏的实质性内容。要做到这一点，必须要选取多个具体的研究变量，对这些选定的变量进行深入细致的考察、比较和政策文本分析。只有这样做才可以破除复杂的政策表象，才能探究到实质。

在对政策文本进行系统分析时，必须注意的是要能够通过分析来结构化和整体化地反映出政策的主要方面和基本要素。要实现这个目的就需要严格地按照分析架构选择相应的变量和指标。对于政策文本分析中的定量部分，进行变量和指标编码是整个文本分析的核心和灵魂[②]，同时也是科学分析得出有效结论的前提。及早确立编码范围对于辨清和准确查找样本中固有的语义问题十分有利，这已得到了专门研究的证实[③]。除了上面分析的内

① 诺曼·K. 邓津，伊冯娜·S. 林肯．定性研究第3卷：经验资料收集与分析的方法［M］．重庆：重庆大学出版社，2007：830.

② 诺曼·K. 邓津，伊冯娜·S. 林肯．定性研究第3卷：经验资料收集与分析的方法［M］．重庆：重庆大学出版社，2007：833.

③ 李燕萍，等．改革开放以来我国科研经费管理政策的变迁、评介与走向——基于政策文本的内容分析［J］．科学研究，2009（10）：1441－1447，1453.

容外，相似的科技政策文本编码与分析的研究成果证明：采取非量化政策文本分析对研究政策演进和推测发展趋势的说服力不足，其借鉴作用在实践领域有限。

综上所述，在对政策文本进行分析时，采取政策文本编码和量化分析的方法，对政策文本进行分析，这对理论探究和实践指导的作用和价值更加重大。在这次研究中我们所采用的研究方法大致包括以下几种。

第一，政策文本定量分析，这种分析方法主要对智慧城市建设政策的总体情况进行研究。

第二，面板数据分析，这种分析方法的特点是在纵向时间轴上特定进行的，它的操作方法是将政策文本转为一维数据探析政策的整体分布和基本属性等基础内容，这样做一方面可以明晰智慧城市建设政策演变，另一方面可为其他建设内容的系统分析进一步开展积累量化基础。

第三，横截面数据分析，这种在横向轴上开展的数据分析能够更准确地了解智慧城市建设要素的时空分布现状。具体操作是从建设主体、建设客体、建设工具等方面对智慧城市建设样本政策的现状进行描写和分析，并尝试阐述建设系统因素内部的二维交互关系。

第四，在借鉴采取相同研究方法的其他政策文本分析已有成果的基础上，通过对政策文本的定性结构、归纳和比较，提取政策的类目、维度和指标，建立河南省智慧城市建设政策的文本结构化编码类目和分类体系，将庞大复杂的政策文本分为5个类目/一级区分要素（包括基本属性、建设主体、建设客体、建设环境、建设政策工具）、15个维度/二级区分要素进行定量统计分析。在此基础上，借鉴前人研究①、根据智慧城市建设政策特点，设计了智慧城市建设政策文本分析单元编码表，并对样本进行信息抽取。智慧城市建设政策文本结构化编码和分类体系如表2－1所示。

① 杨凯瑞，何忍星，钟书华．政府支持创新创业发展政策文本量化研究（2003－2017）——来自国务院及16部委的数据分析［J］．科技进步与对策，2019，36（15）：107－114.

表 2-1　　智慧城市建设政策文本结构化编码和分类体系

类目	维度	指标及说明
基本信息	政策名称	以项为单位
	发文字号	以官方政策文号为依据
	发布时间	以年和月为单位，按照文件落款时间为准
	文本性质	按照不同文种分类
建设主体	单独发布或牵头发布单位名称	发文主要参与单位与协作单位
	参与单位数量	以个为单位
	发布单位层次	第一层次：河南省人大 第二层次：河南省委、河南省人民政府 第三层次：河南省委办公厅、河南省办公厅（省政府工作报告） 第四层次：河南省各直属部门
	发布单位领域	发布单位所在的专业领域
建设客体	关联主题词 1	采用建设客体的双重关联主题词筛选建设重点的时空分布
	关联主题词 2	
建设政策工具	供给型政策工具	采用 Rothwell 和 Zegveld 的政策工具划分标准来研究政策工具使用情况
	环境型政策工具	
	需求型政策工具	
建设客体	关联主题词 1	采用建设客体的双重关联主题词探究建设环境演变
	关联主题词 2	

（二）政策文本的标记

本书选取的样本政策文本具有文本数量大、时间范围广以及部门关联广等特点。影响研究角度的设置和结论得出的因素除了上面提到的这几个特点之外，还包括如何对样本政策文本进行标记、编码、归类等，这些因素在以上三个特点的基础上也会对结果产生特别大的影响。作为政策科学的重要的认知手段，除了常规使用的方式方法之外，广泛认知的知识及个人实践经验也是重要的渠道来源。在上述 15 个维度的基础上，对 124 份政策样本进行信息录入、分类标注和描述性统计分析、交叉分析。通过对政策名称、文本性质、发布时间、发文字号、单独发文单位或牵头发布的单位名称、发布单位领域、参与单位数量、发布单位层级 8 个维度进行标注和区分，使得所选全部样本分类准确、边缘意义清晰，同时进行唯一标注，具有较高精确度。

本书主要采用双重关联主题词的方法对建设客体和建设环境这两个类目进行标注。关联主题词的标注是一项基于研究者经验的标注工作[①]，通过总结可以代表政策文本内容的核心关键词对样本政策文本进行分类和标注。智慧城市建设支持政策的内容一方面在其他政策中涉及智慧城市建设内容的政策中存在，另一方面散落于部分综合性政策中。每个政策文本在建设环境和建设客体内容维度分别选取两个核心关键词作为关联词样本进行标注，再比较和分层关联主题词，以便确定所选择样本与智慧城市建设政策的关联度。只有这样才足以确保关联性标注的真实性和准确性。

针对建设政策工具这个类目，本书则根据罗思韦尔和泽赫费尔德的政策工具划分标准，依据政策工具的作用和产生的影响，将政策工具划分为供给型、需求型和环境型工具，然后对每个研究样本的内容进行分类、标注，统计各个类型政策工具的使用情况，以深入了解政府部门开展智慧城市建设活动的措施理念。

（三）编码原则

在对政策文本内容进行编码分类时，必须遵循的基本原则包括四点。第一，独立原则，每个编码单元的设定都必须独立进行，不能够被其他原则的内容所影响；第二，唯一原则，不能够一对多，要保证一个条目下绝不能使用两个及以上的编码来代表；第三，穷尽原则，制定的编码体系必须能够涵盖所有相关的条目；第四，互斥原则，各个编码分类在范畴上不交叉[②]。

---

① 陈振明．公共政策分析［M］．北京：中国人民大学出版社，2003：7.

② 李纲，等．公共政策内容分析方法：理论与应用［M］．重庆：重庆大学出版社，2007：4.

第三章

河南省智慧城市建设政策文本量化分析

为了避免政策文本定性研究的主观性、不确定性和模糊性，政策量化分析已逐步演变为当代学者对政策文献进行研究的主要手段，而政策文本类型化分析则是政策量化分析众多方法中被研究学者较为广泛采用的。所谓类型化分析是指根据调研项目特征的共同点和差异点，按照一定的标准将调查总体内所有的个体（资料）划为一些性质相同或相近的类别，分别归入某一层或组内，使之条理化、系统化的研究方法，但是存在一定的主观性①。本章在系统梳理政策文本的数据源、涵盖内容的基础上，采取Excel、SPSS19.0等软件对124个样本政策文本进行统计分析，以系统地说明政策基本信息，即文种类型、主题关联性、权威主体及其发文数量、政策主题与权威主体的交互关系、政策主题的分布五个维度的情况，具体分析结果如下。

第一节　政策文本的文种类型

通过对124份政策文本进行文种类型的梳理及探讨，发现在研究时间区间内（2008~2019年）河南省智慧城市政策文种类型包括意见（建议、指导

① 曾婧婧，胡锦绣．政策工具视角下中国太阳能产业政策文本量化研究［J］．科技管理研究，2014，34（15）：224-228.

意见、实施意见）、方案与要点（实施、建设、工作、推进方案、工作要点等）、发展规划（发展计划、行动计划、战略规划、规划纲要等）、通知、条例、决定、目录（试行）暂行办法和导则9种类型，具体如表3－1所示。其中，对“通知”的定义需要进一步解释说明：本书的“通知”类型主要是指“用于发布指示、规划工作的指示性和告知性政策文件”，而用于印发、转达另一政策文本内容的“通知”则不在本次研究范围内。如2017年2月，河南省人民政府出台的《关于印发河南省加快推进“互联网＋政务服务”工作方案的通知》，就不属于“通知”，而应划分为“工作方案”。

表3－1　河南省智慧城市政策文本文种类型

文种类型	意见	方案与要点	发展规划	通知	暂行办法	决定	目录	条例	导则	总计
文种数量	36	35	31	15	3	1	1	1	1	124
占比	29.03%	28.23%	25.00%	12.10%	2.42%	0.81%	0.81%	0.81%	0.81%	100.00%

从表3－1中可以看出，在河南省124项智慧城市建设政策文本中，“意见”和“方案与要点”类政策文本最多，数量几乎相同，分别为36项和35项，共约占总量的57.26%，“发展规划”和“通知”类政策文本数量次之，共占文本总量的37.10%。其中，“意见”类政策文件具有参照性、引导性以及灵活性，并且大多是从宏观角度出发对促进某个智慧城市建设领域或发展方式的信息化建设提出实施建议；“方案与要点”和“发展规划”政策文本大多以制定发展规划、实施方案、工作计划、指导原则为主要内容，为未来智慧城市规划建设路径；“通知”类政策文件的主要内容是以某个智慧城市建设方法的补充说明和对相关事项、问题的解释、规定。相比之下，以“暂行办法”“决定”“条例”和“目录”“导则”为主要形式的政策文本数量较少，仅有7项，约占政策研究样本的5.65%，而且这五类政策内容较为具体，具有较强的约束力、指导性和实践操作性。

由此可见，河南省智慧城市建设政策文本文种类型具有多样性，并且政策的制定较为灵活，宏观导向性政策较多，强制规范性政策较少，例如指导落实工作要点与规范城市建设工作建议类的政策文本较多，但缺乏相关法律条例等具有强权威性的规章条例。这表明河南省目前正处于大力支持智慧城市建设发展的时期，以宏观指导为主，不给智慧城市建设设置过多的限制，勾画固定的发展框架，这也符合智慧城市作为新的理念在实践发展中需要逐步探索的特点，从而逐步揭露政策制定和试行过程中存在的不足，并加以修正完善。总体而言，这一政策流程基本符合公共政策过程，能够较好地指导、促进河南省智慧城市建设健康快速发展。

第二节　政策文本的主题关联性分析

智慧城市政策既包括直接指导智慧城市建设发展的政策，也包括分布在其他综合性政策中的相关法规条例。政策主题词是指“表征政策核心内容的具有特征性的词语”。通常政策主题词的内容和组合会在不同时期发生变化，动态性地反映出政策内容的变动，而不是保持一成不变；同时他们还会有规律性地进行组合，表达政策文本的中心内容。一般而言，主题概念多由两个及以上的词构成，而有些搭配关系频繁，有些搭配只是偶然发生，仔细研究这种搭配关系，可以从定性和定量角度分析文献内容动态变化情况[①]。因此，本小节基于“双重关联”的原则从每个研究样本中筛选出两个能代表政策文本核心内容的政策主题词[②]，最后再对同种类型主题词开展频数统计分析工作。

通过对政策文本内容的反复、多次标注，最终筛选出 18 个高频主题词，并以此为依据对政策文件的关联性主题词进行校准。通过分析样本政策文本可知，106 项政策文本的核心内容可由 2 个关键主题词进行标注，18 个政策

① 胡小君，徐克庄．主题关联分析法在科技情报研究中的应用——细胞凋亡研究动态剖析［J］．情报学报，1999（S2）：3－5.

② 张镧．基于文本分析法的湖北省高新技术产业政策演进脉络研究［J］．科技进步与对策，2013，30（17）：113－117.

文本的核心内容可由 1 个关键主题词进行标注，最终 124 项政策文本确定了 230 个关键主题词。并且，高频主题词的标注覆盖率高达 96% 以上，因为有 221 个关键主题词可用这 18 个高频主题词进行准确标注，仅有 9 个关键主题词无法在上述范围内标注。因此可认为本书提取的高频主题词是较为科学有效的、是比较精确的。

本书基于研究样本与智慧城市建设之间的关联强度，将 18 个高频关联主题词划分为 4 个层级。第一层级为“核心政策”，主要指对智慧城市建设与发展有直接指导性的政策措施，也就是智慧城市建设和智慧应用各方面的综合性政策、组建智慧/数字城市建设领导小组以及设立智慧（旅游）城市试点等政策文件。第二层级为“紧密关联政策”，主要指与智慧城市建设发展密切相关的政策措施，即数字城市、综合性信息化建设、互联网 + 政务服务、电子政务、大数据等政策文件。第三层级为“一般关联政策”，主要指对智慧城市建设发展某种程度发挥促进作用的政策措施，也就是综合性发展规划（计划/纲要）、物流业、政务公开等政策文件。第四层级为“弱关联性政策”，主要指对智慧城市建设发展起间接作用的政策措施，即医养结合、放管服等方面的政策文件。

在开展高频政策主题词关联性分层并确定主题词关联性强度的工作后，要统计出同类型主题词的频数，可以系统地梳理出核心关联政策、紧密关联政策、一般关联政策、弱关联政策的具体政策数目和在样本总量中的占比情况，具体情况如表 3 - 2 所示。由表 3 - 2 可知，与智慧城市建设发展联系紧密的政策主题词占比最高，约为 50.23%；其次是核心关联政策主题词，约为 31.22%；最少的一般关联政策主题词和弱关联政策主题词，分别是 14.03% 和 3.62%，这表明河南省现行智慧城市建设政策具有较高的精准性。在核心政策主题词中出现频数最高的是以促进城市各领域智慧化应用为目标的具有综合性的政策主题词，其次是有关智慧城市建设和试点实验建设等的主题词；紧密关联政策主题词中则是信息化建设（综合）、新兴产业（除大数据外）、大数据、基础设施建设等主题词居多。

表3-2　　河南省智慧城市政策关联性主题词关联强度比例

关联主题词层次	关键性关键词	主题词数量	占比
核心关联	智慧应用（综合）	41	18.55%
	智慧城市建设（综合）	14	6.33%
	领导小组（数字、智慧城市建设）	8	3.62%
	智慧（旅游）城市试点	6	2.71%
	合计	69	31.22%
紧密关联	信息化建设（综合）	38	17.19%
	新兴产业（除大数据外）	22	9.95%
	大数据	12	5.43%
	基础设施建设	12	5.43%
	电子政务	10	4.52%
	数字城市	10	4.52%
	智能制造（互联网+制造业）	4	1.81%
	互联网+政务服务	3	1.36%
	合计	111	50.23%
一般关联	发展规划（计划/纲要）	16	7.24%
	物流业	7	3.17%
	互联网+（医疗健康/教育/人社等）	5	2.26%
	政务公开	3	1.36%
	合计	31	14.03%
弱关联	医养结合	3	1.36%
	放管服	5	2.26%
	合计	8	3.62%

资料来源：笔者自制。

通过对政策主题词及关联性的统计分析，可得出以下结论。

首先，政策主题词整体分布具有以下特征：第一，河南省现行智慧城市建设政策主题涵盖范围较为全面，包括新兴产业发展、基础设施建设、政务改革等生活的诸多方面，而且在维持智慧城市基础建设的同时，还能支撑起后续智慧城市的发展，具有一定的战略性特征；第二，河南省智慧城市建设政策主题架构分布较为合理，能够强有力地推动智慧城市建设，因为与智慧城市建设活动直接或密切相关的核心关联及紧密关联政策主题词在总量中的占比高达81.45%。但今后为了进一步促进河南省智慧城市健康持续发展，还需要求政府部门相关人员在现有基础上进一步加强智慧城市核心政策的制定与出台。

其次，通过梳理具体政策主题词在总量中的占比，可以发现河南省现行智慧城市建设政策主题中电子政务、城镇规划建设等词出现频次较高，这不仅反映出改善政务系统、促进政务信息平台的建设对于智慧城市发展的重要性，还反映出顶层设计规划在智慧城市建设中的长期引领地位，需要对未来智慧城市发展蓝图进行详细合理的设想。

第三节　政策文本的权威主体及发文数量

政策主体是在整个公共政策的运行周期中，对政策问题、政策过程、政策目标群体主动实施影响的组织，是政策制定、实施和评估阶段中的重要参与者[①]。为了明晰河南省人民政府行政管理效能的发挥情况以及各个部门间的协作水平，本小节将着重分析政策制定主体的数量、结构及发文数。同时，本小节所研究的智慧城市政策文本制定与颁布的权威主体主要是河南省委、省政府及其各直属职能单位，具体包括河南省人大常委会、河南省人民政府、河南省发展与改革委员会以及河南省交通运输厅等。河南省级政府部门制定智慧城市政策数量如表3-3所示。

① 程翔，鲍新中，沈新誉．京津冀地区科技金融政策文本的量化研究［J］．经济体制改革，2018（4）：56-61.

表3－3　河南省级政府部门制定智慧城市政策数量（2008～2019年）

省级部门	河南省人民政府办公厅	河南省人民政府	河南省发展和改革委员会	河南省委	河南省工业和信息化委员会	河南省人力资源和社会保障厅	河南省住房和城乡建设厅	河南省委办公厅
制定数量	58	43	6	3	3	3	3	2
占比	46.77%	34.68%	4.84%	2.42%	2.42%	2.42%	2.42%	1.61%
省级部门	河南省人大常委会	河南省卫生和计划生育委员会*	河南省商务厅	河南省旅游局	河南省交通运输厅	河南省网络安全和信息化领导小组办公室	河南省教育厅	河南省民政厅
制定数量	2	2	2	2	1	1	1	1
占比	1.61%	1.61%	1.61%	1.61%	0.81%	0.81%	0.81%	0.81%

注：*指根据中共河南省委办公厅、河南省人民政府办公厅2019年公布的《河南省卫生健康委员会职能配置、内设机构和人员编制规定》，“河南省卫生和计划生育委员会”更名为“河南省卫生健康委员会”，而表格中该机构两次发文均在2018年，因此本表沿用该机构更名前的名称，即“河南省卫生和计划生育委员会”。

资料来源：笔者自制。

由表3－3可知，在省级层面制定的124项政策文本中，参与制定政策的权威主体共有16个。其中，省政府办公厅和省政府制定的政策文本数量最多，分别为58项和43项，各占总数的46.77%和34.68%；省发改委、省委制定的政策文本数量次之，分别为6项和3项，共占总数的8.87%；省人社厅、省住建厅等4个部门各制定政策文本3项，各占总数的2.42%；省人大常委会、省商务厅、省旅游局等5个部门各出台了2项政策，各占总数的1.61%；而省交通运输厅、省教育厅、省民政厅等4个部门仅各制定了1项政策文本，各占总数的0.81%。由此可以得出，河南省人民政府对河南省的智慧城市建设给予高度重视，省政府办公厅和省发展和改革委员会也积极给予指导，而其他政府部门应加强对本省智慧城市建设的政策支持。

通过对政策主体结构和发文数量的统计分析，得出以下结论：第一，河南省人民政府及其各直属部门应当履行自己的职责，承担起智慧城市建设活动中自身的责任。河南省人民政府及其办公厅作为省级最高权力机关的执行机关和省级最高行政机关，大都在宏观层面规划智慧城市建设发展的方向和目标，同时依据各直属部门机关的职责，指导各部门划分智慧城市建设活动的某一方面的职责，调动其行动积极性。而省级直属部门积极响应号召，依据其职能发挥作用，对智慧城市建设活动某方面具体事务进行领导和管理。第二，河南省人民政府及其办公厅较为重视智慧化的应用和信息化的建设，对一些基础设施的建设、智慧民生的发展关注较少。这是因为，综合的智慧应用和信息化建设是智慧城市建设的核心内容，是构建智慧城市的坚实基础，与未来的城市发展联系十分密切。第三，智慧城市建设政策涵盖政府部门较多，涉及领域较广，充分说明了协作、配合开展智慧城市建设活动的重要性。但是多个部门联合发布的政策文本总量低于单个部门独立发布的，这说明省政府和各直属部门之间需要进一步加强合作，以共同推动智慧城市建设项目的实施开展。

通过统计政策发文主体参与情况，可以得出河南省智慧城市政策的发文主体及对应的文本数量情况，具体情况如图3-1所示。

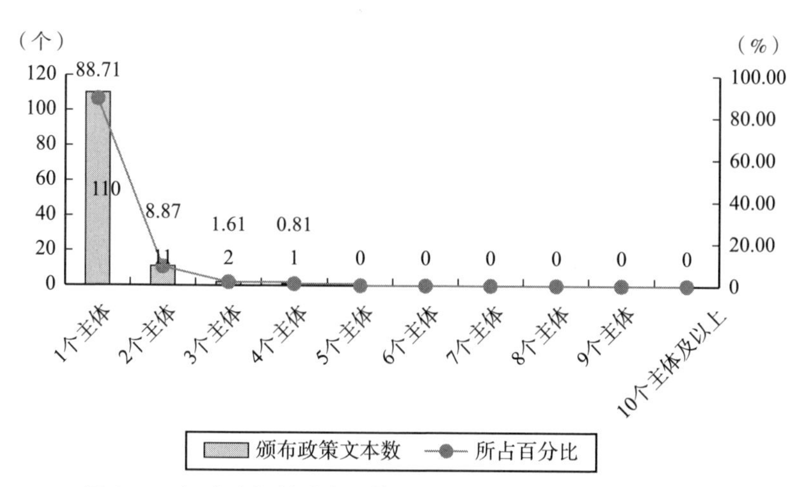

图3-1　河南省智慧城市政策的颁布主体数量及相应文本数量

资料来源：笔者自制。

由图3－1可知，大部分政策文本是由单独的权威主体制定颁布，占总数的88.71%，只有14项政策文本是由多个权威主体联合制定颁布，仅占总数的11.29%，其中以两个部门联合制定的居多（11个），而多于两个主体联合制定出台的政策文本只有两个，数量极为稀少。其中，在多主体联合制定的政策中，只有1项政策的主题有关城市规划建设管理，即由中共河南省委和省政府2个部门联合制定颁布的《关于加强城市规划建设管理工作的意见》，该文件明确指出要加快制定智慧城市的标准定额；其他政策由2个部门联合制定出台的大都是同共同推进智慧应用领域建设与发展相关的指导性文件；而且由6个部门联合制定的《关于开展县域综合医改试点的指导意见》与医疗改革息息相关，但与智慧城市建设之间的联系则较为微弱。智慧城市是一个非常庞大的系统，是由多个智慧化的城市子系统及其之间互相联系作用共同构建而成，涵盖领域十分广泛，对多个政府部门协调合作提出要求。因此，多部门联合制定颁布智慧城市政策时，对智慧城市建设做出全面的权威指导是必不可少的，这也是河南省智慧城市政策制定时需要更加重视的地方。

第四节　政策主题与权威主体的交互关系

“通过对政策主题的分析，可以了解政策文件制定的主旨和目的，再进一步分析政策主题与权威主体之间的交互关系，可以发现不同政府部门在智慧城市建设政策制定过程中的职能和偏好”①。为了进一步梳理出政策主题与主要政策制定者之间的交互关系，本小节将发文2篇以上的政策制定权威部门和上文归纳出的18类政策主题作为研究对象，具体分析结果如表3－4所示。

① 郑代良，钟书华．1978－2008：中国高新技术政策文本的定量分析［J］．科学学与科学技术管理，2010（4）：176－181．

表 3-4　　政策主题与主要政策制定主体的交互关系（2008～2019 年）

主体	智慧应用（综合）	智慧城市建设（综合）	领导小组（数字、智慧城市建设）	智慧（旅游）城市试点	信息化建设（综合）	新兴产业（除大数据外）	大数据	基础设施建设	电子政务	数字城市	智能制造	互联网+政务服务	发展规划（计划/纲要）	物流业	互联网+（医疗/教育/人社等）	政务公开	医养结合	放管服
省人民政府办公厅	●	●	●	●	●	●	●	●	●	●	●	●	●	●	●	●	●	
省政府	●	●	●	●	●	●	●	●	●	●	●	●	●	●				●
省委	●	●	●		●			●				●	●			●		
省发改委	●				●		●										●	
省工信厅	●				●	●				●								
省人社厅		●						●							●			
省住建厅		●			●			●							●			
省委办公厅	●																	●
省商务厅									●					●				●
省旅游局	●				●													
省人大（含常委会）		●			●				●				●					
省卫计委*					●												●	
联合发布	●	●	●		●	●		●		●			●				●	●

注：●代表科技政策主要权威部门制定所包含的主题领域。*指根据中共河南省委办公厅、河南省人民政府办公厅 2019 年公布的《河南省卫生健康委员会职能配置、内设机构和人员编制规定》，“河南省卫生和计划生育委员会”更名为“河南省卫生健康委员会”，而表格中该机构两次发文均在 2018 年，因此本表沿用该机构更名前的名称，即“河南省卫生和计划生育委员会”。

资料来源：笔者自制。

由表3－4可知，河南省人民政府及其办公厅作为智慧城市建设工作的主要责任部门，其主要工作是规划智慧城市发展方向、推动新一代信息技术建设、开展智慧城市试点，等等，参与制定出台各种支持智慧城市建设的政策文件，政策涵盖的主题也包含了多个方面。在其他权威主体中，河南省委所涉及的政策主题领域较多，达到8类政策主题，包含智慧应用（综合）、智慧城市建设（综合）、信息化建设（综合）、基础设施建设等。省发改委、省工信厅、省住建厅和省人大（含常委会）所涉及的政策主题领域相同，都达到了4类政策主题，四个部门共同的侧重点在于信息化建设（综合），但是不同之处在于省发改委注重大数据和医养结合等方面，省工信厅注重于新兴产业（除大数据外）和数字城市等方面，省住建厅注重基础设施建设和互联网+（医疗/教育/人社等）等方面，而省人大（含常委会）注重电子政务和发展规划（计划/纲要）等方面。此外，省人社厅和省商务厅均涉及了3类政策主题领域，但两个部门所注重的领域完全不同，省人社厅注重于互联网+医疗/教育/人社等、智慧城市建设（综合）等方面，而省商务厅注重物流业、放管服等方面；省委办公厅、省旅游局和省卫计委均只涉及了2类政策主题领域。

通过分析可以发现，由多个权威部门联合发布的智慧城市建设政策文本涉及了大部分的政策主题领域，包含了数字城市、智慧应用（综合）、信息化建设等方面，这种现象不仅表明各主体协调配合对河南省制定智慧城市建设政策文件的重要性，而且也表明各权威主体之间协调合作的复杂性。

第五节　政策主题的分布情况

为了更好地分析河南省人民政府及其直属部门现行智慧城市建设政策文本主题的分布，本小节把表3－4中的18个主题再次整理汇总为16类，使智慧城市政策主题更具针对性和具体性，具体包括智慧应用（综合）、智慧城市建设（综合）、信息化建设（综合）、基础设施建设、电子政务等。政策主题比例分布如图3－2所示。由图3－2可知，在所归纳的16类政策文本主题中，智慧应用（综合）这一政策主题所含政策文本最多，共21份，约占政策文本总量的16.94%，其内容大多是关于各个领域（如交通、旅游等）智慧化的发展应用；其余数量超过10份（含10份）的政策主题包括智慧城市建设（综合）、信息化建设（综合）、新兴产业（除大数据外）、大数据等；而有关医养结合、放管服与领导小组（数字、智慧城市建设）三类主题领域的政策文本较少，均低于政策文本总量的1.7%。

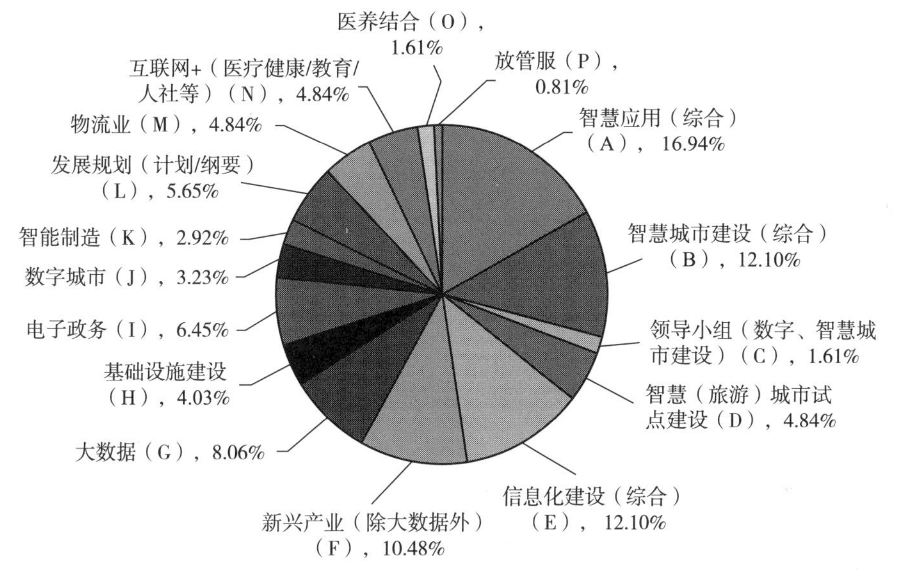

图3－2　政策主题比例分布

资料来源：笔者自制。

图3－3显示了河南省现行智慧城市建设政策的文本主题年度分布情况和发展趋势。从图3－3中可以明显看出，2014年后，各政策主题的文本数量增多，少数政策主题文本数量起伏较大，且没有明显规律性，但大多数政策主题文本年度数量较为稳定。政策文本数量起伏稍微明显的是“信息化建设（综合）”，2015年至2018年的政策文本数量分别为1项、4项、2项、1项，而在2019年的政策文本数量为3项，见曲线E。政策文本数量较多且增长较为明显的是“大数据”（见曲线G），2008年至2014年间的政策文本数量几

乎没有，直到2015年关于大数据的政策文本数量增加到3项，之后政策文本数量均在3项以内，这说明随着智慧城市的发展，政府对大数据、云计算愈发重视。政策文本数量变化比较明显的是“新兴产业（除大数据外）”，2008年至2015年的政策文本数量间断地保持在1项，2016年至2017年的文本数量又从4项震荡下降至0项，随后在2018年又上升至3项，见曲线F。政策主题为“医养结合”与“放管服”的政策文本仅在一年或两年内出现过。其余诸如“基础设施建设”“电子政务”“数字城市”“智能制造”“发展规划（计划/纲要）”“物流业”“互联网+（医疗健康/教育/人社）”等政策主题的文本数量较为稳定，见曲线H、I、J、K、L、M、N。2015～2019年，河南省人民政府单独以及联合其他部门颁布的智慧城市建设政策所包含的主题分布差别较大，从7项到15项截然不同，其中政策主题为“智慧应用（综合）”和“智慧城市建设（综合）”的文本数量最多，分别在五年内总共达到18项和10项，见曲线A和曲线B。

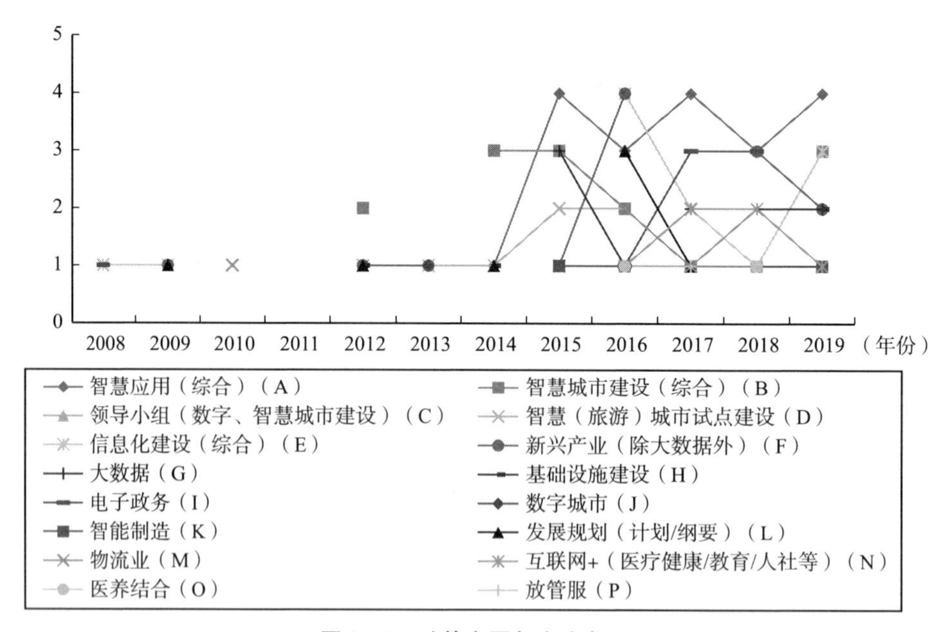

图3-3 政策主题年度分布图

资料来源：笔者自制。

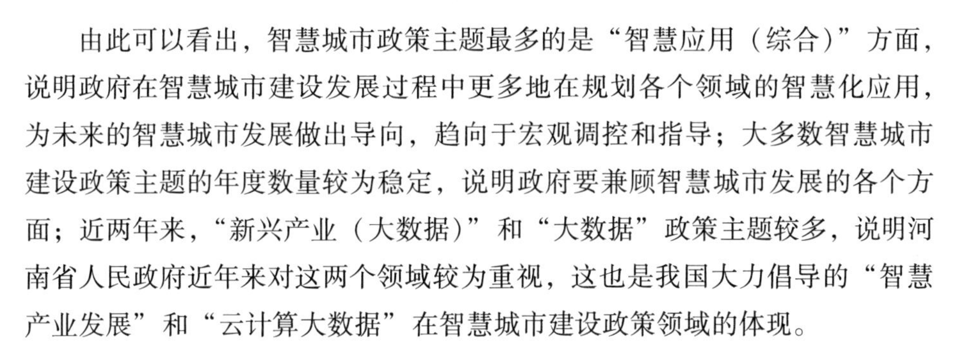

由此可以看出，智慧城市政策主题最多的是“智慧应用（综合）”方面，说明政府在智慧城市建设发展过程中更多地在规划各个领域的智慧化应用，为未来的智慧城市发展做出导向，趋向于宏观调控和指导；大多数智慧城市建设政策主题的年度数量较为稳定，说明政府要兼顾智慧城市发展的各个方面；近两年来，“新兴产业（大数据）”和“大数据”政策主题较多，说明河南省人民政府近年来对这两个领域较为重视，这也是我国大力倡导的“智慧产业发展”和“云计算大数据”在智慧城市建设政策领域的体现。

第六节　本章小结

通过上述对河南省智慧城市政策文本文种类型、主题关联性、权威主体构成及发文数量、政策主题与权威主体的交互关系、政策主题的分布等维度的统计分析，发现河南省智慧城市政策文本具有以下特征。

第一，政策文本的文种类型具有“多样性和导向性”。河南省智慧城市政策文种类型包括意见（建议、指导意见、实施意见）、发展规划（发展计划、行动计划、战略规划、规划纲要等）、方案与要点（实施、建设、工作、推进方案、工作要点等）、通知、暂行办法、决定、条例、目录（试行）和导则9个大类，形式多种多样。其中，以制定发展规划、实施方案、工作计划、指导原则为主要内容的“发展规划”“方案与要点”和“意见”类政策为主，占全省政策总数的82.26%，具有较强的宏观导向性。

第二，政策文本的主题关联呈现“全面性和合理性”。通过提取政策主题词、分析其与智慧城市建设的关联强度可以发现，本书所提取的高频主题词的标注覆盖率高达96%，这表明目前智慧城市建设政策文本所涵盖的主题内容较为全面。同时将政策文本关联性主题词按照核心关联、紧密关联、一般关联和弱关联四个层次进行分类统计分析后发现，核心关联政策主题词和紧密关联政策主题词的总占比达81.45%，这表明对智慧城市建设起直接作用的政策主题比较多，可以极大地推动智慧城市建设，分布较为合理。

第三，政策文本的制定主体呈现“强权威性和弱协调性”。从河南省智慧城市政策制定主体的分布情况来看，政策制定主体具有较强的权威性（主体数量达16个省级政府部门），这说明河南省人民政府极其重视智慧城市建设。但在主体之间的协调配合方面有待进一步完善，大多智慧城市建设政策是由各政府部门单独制定出台，共占政策总数的88.71%；而多部门联合制定出台的政策仅有14项，且只有2项是由2个以上权威部门联合制定出台，这表明河南省人民政府相关部门在指导智慧城市建设上协调性较弱，有待加强。

第四，智慧城市建设政策文本主题内容的“多样性和特色性”。通过目前对河南省有效的124份智慧城市建设政策文本内容分析，共归纳总结出18类主题，在智慧应用（综合）、智慧城市建设（综合）、信息化建设（综合）、大数据、领导小组（数字、智慧城市建设）、基础设施建设、智慧（旅游）城市试点、数字城市等方面均有不同层次的权威主体参与政策的制定与颁布。而各不同层次的权威主体在政策制定过程中有不同的侧重点，大多政策主体以其所专长领域为主。由此可以得出河南省智慧城市建设政策制定与颁布主题的多样性，且各个权威主体之间注重协调合作，存在广泛的相互关联性，并突出每个部门职能特点。

第五，智慧城市建设政策主题分布的“强综合性和弱变革性”。从图3－2可以看出，河南省大多数现行智慧城市政策文本均涉及的政策主题包括智慧城市建设（综合）、新兴产业（除大数据外）、智慧应用（综合）、大数据、信息化建设（综合）等，均为智慧城市发展中的综合领域。而在“医养结合”与“放管服”两类政策主题领域的文本数量较少，分别各占政策文本总量的1.61%、0.81%，且由图3－3可知“医养结合”这一政策主题在2016年和2018年分别颁布过1份政策文件，“放管服”这一政策主题只在2017年颁布过1份政策文件，所以应该在医养结合方面与放管服改革方面加大政策支持和保障力度。

第四章

河南省智慧城市建设影响因子分析

公共政策出台一般是在特定的社会背景下，为了解决社会公共问题和维护社会公共利益的需求。河南省智慧城市建设相关政策也概莫能外。智慧城市是城市发展的高级阶段，涉及社会和生活的诸多领域，而且影响各个政府部门出台智慧城市建设政策的因素既存在共通之处，也含有一定自身的特性。为了通俗易懂地解答“哪些影响因子会促使政府制定智慧城市建设政策？这些影响因子又该如何归类？不同的影响因子对于政策颁布的影响程度又有多大？处于同一时期同一背景下的影响因子是否还具有聚类特征？不同时期的影响因子如何变化？”等一系列问题，本章将采用 Excel、Tagxedo 等统计分析软件，再结合样本统计分析的结果，从横向的空间维度和纵向的时间维度来分析研究 124 份样本中智慧城市建设相关政策的影响因子①，以通过定性定量相结合的方式探索出河南省人民政府制定颁布智慧城市建设政策时的相关社会政治环境。

第一节　河南省智慧城市建设影响因子的统计描述

一、影响因子的统计数量与概况

在对 124 份政策样本进行反复、多次标注的基础上，发现每个政策样本

① 陈振明. 公共政策分析［M］. 北京：中国人民大学出版社，2003：6－7.

都可通过使用两个具有关联性的主题词来归纳出智慧城市的建设背景，因此获取了248个关联主题词。将这248个关联主题词导入Tagxedo词云可视化软件，即可得到关键词词云图。依据Tagxedo统计分析软件的成像原理可知，主题词频率的差异会通过单个词语或词语组合的显示突出来展现出来，此时统计分析影响因子的分布情况就会变得相对简单。

关联主题词依据出现频率的差异性大致可归为以下几类：智慧城市建设（包括智慧城市试点建设、智慧应用、智慧城市示范工程等），信息建设（包括互联网+、信息网络建设、电子政务、信息技术应用发展等），中央及省级精神（包括中央政策精神、中央会议精神、省级政策精神、省级会议精神、中央及省级政策精神等），新型城镇规划建设，基础设施建设，改革和创新（包括综合体制改革、放管服、医疗改革、科技创新等），产业发展建设（包括新兴产业发展、大数据产业建设、工业信息化建设等）。

二、影响因子的归纳与提炼

为了进一步探索智慧城市建设政策的影响因素，需要对248个关联词进行分析。如果选择对这248个关联主题词进行单个分析深入研究，无疑是缺乏理性的，因为其实际操作性很差，而选择对它们进行较为系统的梳理，才是发现其内涵、规律的明智之举。因此，本书将采用逐层筛选归纳合并的方式，层层递进，以从248个关联主题词（作为第一层次，即一般影响因子）中提炼出最能影响河南省智慧城市建设政策制定出台的因素，从而构建一个直观、通俗的影响因子体系。更为具体的原因有以下几点。

第一，由于智慧城市建设涉及社会发展的各个方面，而且标注智慧城市建设背景的关联主题词涉及的领域比较繁多，不同的政府职能部门对智慧城市建设的重视程度、关注内容也显著不同。因此，需要对所有关联主题词进行分层筛选，以夯实研究基础，深化后续研究结果的内涵，系统地梳理出智慧城市建设的社会政治背景及主要推动力量。

第二，在标注智慧城市建设背景时，所提取的关联主题词的抽象程度、所属领域皆存在着一定的差异性，例如，既有类似于“智慧应用”的概括性主题词，也有类似于“智慧旅游”的针对具体领域的主题词。而且，通过梳理认识论的相关规律发现，“抽象程度越高，涉及内容越广泛”，因此只有层层探究、不断地对智慧城市建设现象进行抽丝剥茧，才能进行比较和分析同一层次内或者不同层次间的影响因子分布情况。

第三，人们对于某一个事物所蕴含规律的探究，往往是借助于反复的实验、不断的思考以及抽象化的思维模式，这也同样适用于智慧城市建设政策影响因素的研究。因此，需要在研究过程中抓住所提取的关联主题词的共性，凝练出符合实际情况以及认识规律的、抽象性以及概括性较高的影响因子，以增加本书的宽度和深度，为后续研究和具体实践中的应用提供理论基础。

基于研究者对智慧城市相关理念的理解和认识，对关联主题词进行具体的量化处理。首先，从 248 个关联主题词中归纳合并成 78 个高频主题词（作为第二层次，即主要影响因子），量化标注和排序结果如表 4 - 1 所示。结合图 4 - 1 可知表 4 - 1 中顺序靠前的影响因子与词云突出显示的情况高度吻合，因此可认为本书归纳出的智慧城市建设政策影响因子较为准确，具有一定的代表性。

表 4 - 1　　河南省智慧城市建设政策的主要影响因子标注与排序

序号	主要影响因子	标注次数	标注占比	序号	主要影响因子	标注次数	标注占比
1	中央政策精神	40	16.13%	10	改革创新	6	2.42%
2	智慧应用	20	8.06%	11	电子政务网络平台建设	5	2.02%
3	信息化建设	10	4.03%	12	智慧物流	5	2.02%
4	基础设施建设	8	3.23%	13	省级会议精神	5	2.02%
5	省级政策精神	8	3.23%	14	智慧城市试点建设	5	2.02%
6	新型城镇规划建设	7	2.82%	15	智能制造	5	2.02%
7	中央会议精神	6	2.42%	16	科技创新	5	2.02%
8	中央及省级政策精神	6	2.42%	17	放管服	4	1.61%
9	大数据应用	6	2.42%	18	新兴产业发展	3	1.21%

续表

序号	主要影响因子	标注次数	标注占比	序号	主要影响因子	标注次数	标注占比
19	信息网络基础设施建设	3	1.21%	46	信息服务建设	1	0.40%
20	智慧城市示范工程	3	1.21%	47	医疗改革	1	0.40%
21	智能终端	3	1.21%	48	信息化监督管理	1	0.40%
22	互联网 +	3	1.21%	49	电子政务安全管理	1	0.40%
23	智慧交通	3	1.21%	50	电子信息产业发展	1	0.40%
24	智慧气象	3	1.21%	51	电子政务发展规划	1	0.40%
25	数字经济	3	1.21%	52	通信信息网络基础设施建设	1	0.40%
26	大数据产业建设	3	1.21%	53	旅游移动客户端发展	1	0.40%
27	信息网络建设	2	0.81%	54	云计算大数据建设	1	0.40%
28	工业信息化建设	2	0.81%	55	智慧城市规划设计	1	0.40%
29	智慧旅游	2	0.81%	56	地理信息产业发展	1	0.40%
30	智慧城市监督管理	2	0.81%	57	中央及省级会议精神	1	0.40%
31	信息技术应用发展	2	0.81%	58	互联网 + 人社	1	0.40%
32	城镇体制改革	2	0.81%	59	县城规划建设	1	0.40%
33	供给侧结构改革	2	0.81%	60	交通“一卡通”	1	0.40%
34	智慧消防	2	0.81%	61	城市运行安全建设	1	0.40%
35	医养结合	2	0.80%	62	智慧水利	1	0.40%
36	互联网 + 政务服务	2	0.80%	63	智慧航空物流	1	0.40%
37	智慧教育	2	0.80%	64	口岸管理智能化	1	0.40%
38	政务信息共享	2	0.80%	65	电子证照管理	1	0.40%
39	互联网 + 行政执法	2	0.80%	66	信息技术发展	1	0.40%
40	互联网 + 医疗健康	2	0.80%	67	政务云管理	1	0.40%
41	电子商务	2	0.80%	68	智慧供应链体系	1	0.40%
42	智慧农业	2	0.80%	69	互联网 + 体育	1	0.40%
43	中央领导指示精神	2	0.80%	70	智慧养老	1	0.40%
44	数字化城市管理	2	0.80%	71	信息化黄河金三角	1	0.40%
45	产业结构调整	1	0.40%	72	5G 网络建设	1	0.40%

续表

序号	主要影响因子	标注次数	标注占比	序号	主要影响因子	标注次数	标注占比
73	互联网 + 中华文明	1	0.40%	77	公共服务信息化水平建设	1	0.40%
74	食品安全监管信息化建设	1	0.40%	78	工程勘察质量信息化建设	1	0.40%
75	智能装备产业建设	1	0.40%		合计	248	100.00%
76	政府购买服务管理	1	0.40%				

资料来源：笔者自制。

此外，由于本书中的政策样本时间跨度较大，提取的主要影响因子领域涵盖范围较广，因此需要再进一步进行归纳合并。将78个主要影响因子中的“中央政策精神”“中央及省级政策精神”“省级政策精神”“中央会议精神”“省级会议精神”“中央领导指示精神”等归纳统称，这是因为这些主要影响因子都是关于相关会议、政策的指导思想和指导内容，都对智慧城市建设政策的出台产生了重要的影响。

在此基础上，进一步将剩余的主要影响因子按照但不限于以下方面进行抽象归纳合并：第一，智慧城市建设的项目工程；第二，各领域的智慧化应用；第三，产业发展建设；第四，各方面的信息化建设；第五，深化改革和技术创新；第六，基础设施、城镇规划、大数据方面的建设与提升等。而且，由于研究时间跨度大、领域涵盖广泛、成功先例缺乏等原因，本次针对智慧城市建设政策影响因子的研究主要是为了追寻普遍性规律，并且研究者在归纳合并时可能存在着主客观认识理解上的偏差，进而导致凝练出的关联主题词可能没有达到很高精确程度。所以，设置“其他”一项，从而减小研究误差。依据上述原则和方法，最终归纳得出了26个关键影响因子（作为第三层次），具体如表4－2所示。

表 4 – 2　　河南省智慧城市建设政策的关键影响因子

序号	关键影响因子	标注次数	标注占比
1	智慧应用	50	20.16%
2	中央政策精神	40	16.13%
3	信息化建设	22	8.87%
4	改革和创新	19	7.66%
5	大数据	10	4.03%
6	电子政务和信息共享	10	4.03%
7	省级政策精神	8	3.23%
8	基础设施建设	8	3.23%
9	新型城镇规划建设	8	3.23%
10	互联网 +（医疗健康/人社/体育/文明）	8	3.23%
11	中央会议精神	6	2.42%
12	中央及省级政策精神	6	2.42%
13	新兴产业发展	6	2.42%
14	其他	6	2.42%
15	省级会议精神	5	2.02%
16	智能制造	5	2.02%
17	智慧城市试点建设	5	2.02%
18	产业信息化建设（工业/食品安全/公共服务/工程勘察）	5	2.02%
19	智慧（数字）城市管理	5	2.02%
20	智慧城市示范工程	3	1.21%
21	数字经济	3	1.21%
22	医疗改革	3	1.21%
23	中央领导指示精神	2	0.81%
24	互联网 + 政务服务	2	0.81%
25	互联网 + 行政执法	2	0.81%

续表

序号	关键影响因子	标注次数	标注占比
26	中央及省级会议精神	1	0.40%
合计		248	100.00%

资料来源：笔者自制。

遵循人类认识理解某一现象时所采取的“总结、提炼、再总结、再提炼”这一认知规律和过程，更进一步地对26个关键影响因子进行抽象提炼，最终提取出9个能高度概括智慧城市建设背景的核心影响因子（作为第四层次），具体如表4－3所示。由表4－3可知，中央和省级精神、智慧应用及信息化建设是影响河南省智慧城市建设政策出台的最主要因子。

表4－3　　　　河南省智慧城市建设政策的核心影响因子

序号	核心影响因子	标注次数	标注占比
1	中央和省级精神	68	27.42%
2	智慧应用	65	26.21%
3	信息化建设	44	17.74%
4	改革和创新	22	8.87%
6	领导小组（数字、智慧城市建设）	13	5.24%
5	产业发展建设	11	4.44%
7	其他	9	3.63%
8	发展规划	8	3.23%
9	基础设施建设	8	3.23%
合计		248	100.00%

资料来源：笔者自制。

最终，通过一层一层的递进，一步一步的抽象凝练，形成了包含“一般影响因子—主要影响因子—关键影响因子—核心影响因子”的金字塔型河南省智慧城市建设政策影响因子体系，具体情况如图4－1所示。

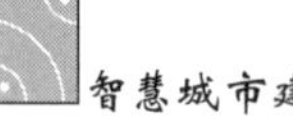

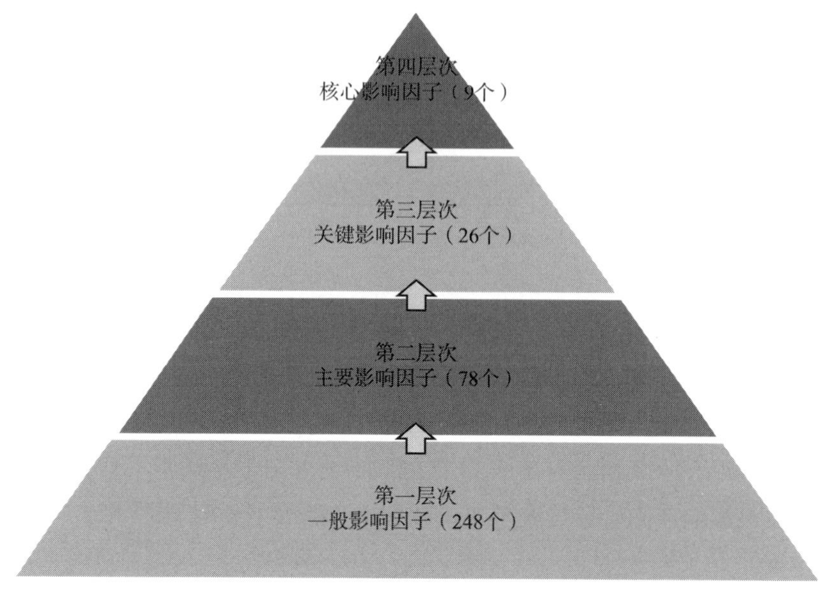

图4－1 河南省智慧城市建设政策影响因子层次与体系

资料来源：笔者自制。

第二节 河南省智慧城市建设影响因子的时空分布与权重

通过对智慧城市建设政策影响因子的归纳与提炼可知，行业属性、发布时期的差异性都能够对政策制定的出台产生或大或小的影响，即政策出台的背后蕴藏着复杂的行业背景和时期特点。为了进一步探究智慧城市建设背后的社会政治环境，本节将主要从横向的领域划分、纵向的属性相关强度以及时间分布的特征来比较分析影响因子的分布情况，即从空间维度和时间维度出发。此外，为了研究的便捷，后续探索分析主要以78个主要影响因子作为研究对象。

一、影响因子的领域分类与权重

依据国务院办公厅制定颁布的《国务院公文主题词表》中对行业领域及层

次的划分标准，本书将主题词所属领域作为第一层级，具体分类作为第二层级，并将78个主要影响因子划分为11个领域，21个类别，具体如表4－4所示。由表4－4可知，河南省智慧城市建设政策出台的主要影响因子的领域类别划分情况为（以领域、标记次数和领域标记占比为序）：科、教、文、卫、体（33.33%），旅游、城乡建设、环保（15.38%），工交、能源、邮电（12.82%），综合党团（10.26%），秘书、行政（7.69%），综合经济（7.69%），农业、林业、水利、气象（3.84%），民政、劳动人事（3.85%），公安、司法、监察（2.56%），财政、金融（1.28%）和贸易（1.28%）。

表4－4　河南省智慧城市建设政策主要影响因子的主题领域和类别划分

序号	第一层：领域	第二层：类别	主要影响因子	类别标记次数	类别标记占比
1	财政、金融	财政	政府购买服务管理	1	1.28%
2	工交、能源、邮电	工业	智能制造、工业信息化建设、电子信息产业发展、智能装备产业发展	4	5.13%
		交通	智慧交通、交通“一卡通”	2	2.56%
		邮电	智慧物流、通信信息网络基础设施建设、智慧航空物流、口岸管理智能化	4	5.13%
3	公安、司法、监察	公安	电子证照管理	1	1.28%
		监察	互联网+行政执法	1	1.28%
4	科、教、文、卫、体	卫生	医养结合、互联网+医疗健康、医疗改革	3	3.85%
		文化	地理信息产业发展、互联网+中华文明	2	2.56%
		科技	信息化建设、大数据应用、大数据产业建设、电子政务网络平台建设、科技创新、信息网络基础设施建设、智能终端、互联网+、新兴产业建设、信息网络建设、信息技术应用发展、互联网+政务服务、政务信息共享、信息服务建设、旅游移动客户端发展、云计算大数据建设、信息技术发展、政务云管理、5G网络建设	19	24.36%
		教育	智慧教育	1	1.28%
		体育	互联网+体育	1	1.28%

续表

序号	第一层：领域	第二层：类别	主要影响因子	类别标记次数	类别标记占比
5	旅游、城乡建设、环保	旅游	智慧旅游	1	1.28%
		城乡建设	智慧应用、基础设施建设、新型城镇规划建设、智慧城市试点建设、智慧城市示范工程、城镇体制改革、数字化城市管理、智慧城市规划设计、县城规划建设、公共服务信息化水平建设、工程勘察质量信息化建设	11	14.10%
6	贸易	商业	电子商务	1	1.28%
7	秘书、行政	行政事务	放管服、智慧城市监督管理、信息化监督管理、电子政务安全管理、电子政务发展规划、城市运行安全建设	6	7.69%
8	民政、劳动人事	民政	智慧消防、互联网+人社、智慧养老	3	3.85%
9	农业、林业、水利、气象	农业	智慧农业	1	1.28%
		水利	智慧水利	1	1.28%
		气象	智慧气象	1	1.28%
10	综合党团	综合	中央政策精神、改革创新、省级政策精神、中央及省级会议精神、中央会议精神、中央领导指示精神、中央及省级政策精神、省级会议精神	8	10.26%
11	综合经济	经济管理	数字经济、供给侧结构改革、产业结构调整、智慧供应链体系、食品安全监督信息化建设、信息化黄河金三角	6	7.69%

资料来源：笔者自制。

二、影响因子的层次分类与权重

为了明晰据现有研究样本所提取凝练的影响因子与智慧城市建设政策文本之间的相关强度关系，本小节结合河南省目前政策制定和执行的实际情况以及已有的研究成果，将这78个主要影响因子划分为3个相关强度层次（划分标准更多的是依据影响因子本身的性质，而不是影响因子的标记次数），以进一步阐明影响因子的空间分布特征。

第一层次为“恒相关因子”。所谓的“恒相关因子”是指河南省智慧城市建设政策出台的最深层次的根本性的社会政治背景，主要涉及本质性概念和一些制度范畴，如“中央政策精神”“改革创新”等主要影响因子。第二层次为“长期相关因子”。所谓的“长期相关因子”是指长期对智慧城市建设政策出台产生影响的（即与智慧城市建设发展紧密相连的）因子，如“智慧应用”“信息化建设”等主要影响因子。第三层次为“中短期相关因子”。所谓的“中短期相关因子”是指在中短期内影响智慧城市建设政策出台的，或者说对智慧建设发展有一定促进作用的因子，如“新型城镇规划建设”“放管服”等主要影响因子。具体结果如表4－5所示。

表4－5　河南省智慧城市建设政策主要影响因子的相关强度、类型及数量比例

第一层次：恒相关因子（8个）					
恒相关因子	标记数量	标记占比	恒相关因子	标记数量	标记占比
中央政策精神	40	16.13%	省级会议精神	5	2.02%
省级政策精神	8	3.23%	中央领导指示精神	2	0.81%
中央会议精神	6	2.42%	中央及省级会议精神	1	0.40%
中央及省级政策精神	6	2.42%	合计	74	29.84%
改革创新	6	2.42%			
第二层次：长期相关因子（42个）					
长期相关因子	标记数量	标记占比	长期相关因子	标记数量	标记占比
智慧应用	20	8.06%	智慧消防	2	0.81%
信息化建设	10	4.03%	互联网＋政务服务	2	0.81%
基础设施建设	8	3.23%	智慧教育	2	0.81%
大数据应用	6	2.42%	电子商务	2	0.81%
电子政务网络平台建设	5	2.02%	智慧农业	2	0.81%

续表

第二层次：长期相关因子（42 个）					
长期相关因子	标记数量	标记占比	长期相关因子	标记数量	标记占比
智慧物流	5	2.02%	数字化城市管理	2	0.81%
智能制造	5	2.02%	信息服务建设	1	0.40%
智慧城市试点建设	5	2.02%	信息化监督管理	1	0.40%
科技创新	5	2.02%	电子政务安全管理	1	0.40%
新兴产业发展	3	1.21%	电子信息产业发展	1	0.40%
信息网络基础设施建设	3	1.21%	通信信息网络基础设施建设	1	0.40%
互联网 +	3	1.21%	云计算大数据建设	1	0.40%
智慧交通	3	1.21%	智慧水利	1	0.40%
数字经济	3	1.21%	智慧航空物流	1	0.40%
智能终端	3	1.21%	信息技术发展	1	0.40%
大数据产业建设	3	1.21%	政务云管理	1	0.40%
智慧城市示范工程	3	1.21%	智慧供应链体系	1	0.40%
智慧气象	3	1.21%	智慧养老	1	0.40%
信息网络建设	2	0.81%	5G 网络建设	1	0.40%
智慧旅游	2	0.81%	智能装备产业建设	1	0.40%
智慧城市监督管理	2	0.81%	合计	130	52.42%
信息技术应用发展	2	0.81%			
第三层次：中短期相关因子（28 个）					
中短期相关因子	标记数量	标记占比	中短期相关因子	标记数量	标记占比
新型城镇规划建设	7	2.82%	口岸管理智能化	1	0.40%
放管服	4	1.61%	电子证照管理	1	0.40%
城镇体制改革	2	0.81%	信息化黄河金三角	1	0.40%
供给侧结构改革	2	0.81%	互联网 + 中华文明	1	0.40%
工业信息化建设	2	0.81%	政府购买服务管理	1	0.40%
医养结合	2	0.81%	公共服务信息化建设	1	0.40%
互联网 + 行政执法	2	0.81%	工程勘察质量信息化建设	1	0.40%

续表

第三层次：中短期相关因子（28个）					
中短期相关因子	标记数量	标记占比	中短期相关因子	标记数量	标记占比
互联网+医疗健康	2	0.81%	产业结构调整	1	0.40%
政务信息共享	2	0.81%	食品安全监督信息化建设	1	0.40%
电子政务发展规划	1	0.40%	医疗改革	1	0.40%
旅游移动客户端发展	1	0.40%	互联网+体育	1	0.40%
智慧城市规划设计	1	0.40%	城市运行安全管理	1	0.40%
地理信息产业发展	1	0.40%	互联网+人社	1	0.40%
县城规划设计	1	0.40%	合计	44	17.74%
交通"一卡通"	1	0.40%			

资料来源：笔者自制。

由表4-5可知，通过对依据现有的124个研究样本所提取出的248个关联主题词的系统梳理，发现受长期相关因子影响的智慧城市建设政策的数量是最多的，占比可达到52.42%；其次，是受恒相关因子影响的智慧城市建设政策数量，占比为29.84%；最后是受中短期相关因子影响的智慧城市建设政策，占到了其中的17.74%。

三、影响因子层次与领域的交叉分析

基于上述主要影响因子的领域分布特征以及相关强度划分情况，本书将深入挖掘这些影响因子所属领域与相关强度层次之间的交错关系，即对主要影响因子进行领域与层次的交叉分析，以明确各个领域影响因子的相关强度层次以及不同相关强度层次影响因子的主要分布领域。分析结果如表4-6和图4-2所示。

表4-6　河南省智慧城市建设政策影响因子的层次和领域交叉分析

层次和领域		恒相关因子	长期相关因子	中短期相关因子
财政、金融	财政			1
工交、能源、邮电	工业		3	1
	交通		1	1
	邮电		3	1
公安、司法、监察	公安			1
	监察			1
科、教、文、卫、体	卫生			3
	文化			2
	科技		17	2
	教育		1	
	体育			1
旅游、城乡建设、环保	旅游		1	
	城乡建设		5	6
贸易	商业		1	
秘书、行政	行政事务		3	3
民政、劳动人事	民政		2	1
农业、林业、水利、气象	农业		1	
	水利		1	
	气象		1	
综合党团	综合	8		
综合经济	经济管理		2	4

资料来源：笔者自制。

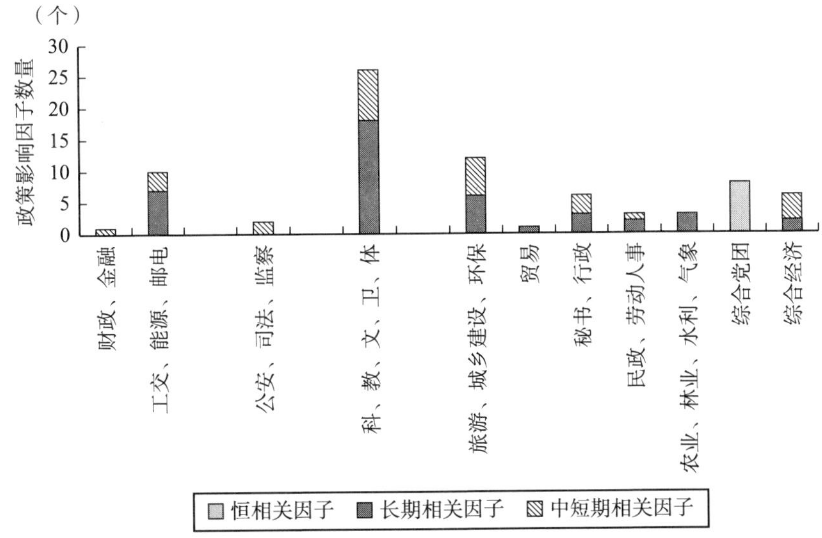

图 4－2 河南省智慧城市建设政策影响因子层次与领域交叉分布图

资料来源：笔者自制。

由表 4－6 和图 4－2 可知，恒相关因子只能影响综合党团领域的智慧城市建设相关政策的出台；而长期相关因子主要影响工交、能源、邮电，贸易，民政、劳动人事，科、教、文、卫、体和农业、林业、水利、气象等领域智慧城市建设政策的颁布。除此之外，中短期相关因子重点影响财政、金融，公安、司法、监察和综合经济等领域智慧城市建设政策的出台，并且在旅游、城乡建设、环保和秘书、行政领域，长期相关因子和中短期相关因子对智慧城市建设相关政策的颁布具有等量的政策影响效用。

四、影响因子的时间分布情况

为了明晰“在某个特定的时间段，影响河南省智慧城市建设政策颁布的因子是什么？具体数量是多少？”等问题，本书分析了 2008～2019 年的 78 个主要影响因子的分布情况，具体结果如图 4－3 和表 4－7 所示。

“主要影响因子种类数主要指每年影响因子的数量作用于政策的颁布，关联主题词总数则是每年颁布政策数量的反映；二者间的交互关系反映不同影响因素下颁布政策的集中程度，若距离较远，则说明影响政策颁布的原因集中；距离较近则反之”。① 依据图4－3可得：第一，河南省智慧城市建设政策颁布原因的多样化程度加深。2015年后影响因素种类剧增，增速后趋于减缓，最后在2018～2019年保持相对稳定。第二，河南省智慧城市建设政策颁布的影响因子种类在2018年（有30种）达到顶峰。第三，各年份的关联主题词总数与主要影响因子种类数的间距趋于集中化。在2008～2015年，影响政策颁布的原因由分散趋于集中，此后在2016年达到集中化的最大程度，同时政府部门颁布实施的智慧城市建设政策数量也在逐渐增加。

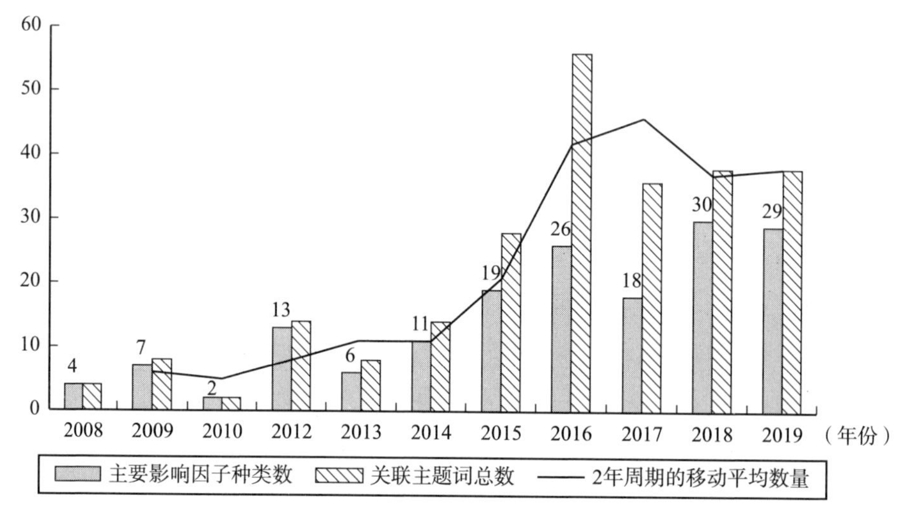

图4－3　河南省智慧城市建设政策的主要影响因子时间分布情况

资料来源：笔者自制。

表4－7　部分河南省智慧城市建设政策主要影响因子的年份分布

年份	影响智慧城市建设政策出台的代表性影响因子（以每年标记次数较多为记）
2008	中央政策精神、电子政务网络平台建设、电子政务安全管理
2009	中央会议精神、信息化建设、智慧应用
2010	中央政策精神、智慧物流

① 杨凯瑞，严传丽，陈纤．河南省智慧城市建设影响因子研究：政策文本量化分析［J］．创新科技，2020，20（7）：65－77.

续表

年份	影响智慧城市建设政策出台的代表性影响因子（以每年标记次数较多为记）
2011	—
2012	中央政策精神、中央及省级政策精神、新兴产业发展、信息化建设
2013	中央会议精神、信息化建设
2014	智慧城市示范工程、基础设施建设
2015	中央政策精神、智慧应用、省级政策精神、智慧城市试点建设、大数据应用
2016	中央政策精神、新型城镇规划建设、基础设施建设、省级会议精神、智慧应用、信息化建设、智能制造
2017	中央政策精神、省级政策精神、改革创新、智慧气象、智慧应用、信息化建设
2018	中央政策精神、智慧应用、放管服、大数据产业建设
2019	智慧应用、中央政策精神、中央领导指示精神、数字经济、基础设施建设、放管服

资料来源：笔者自制。

由表4－7可知，河南省人民政府已重视智慧城市的建设，并向常态化发展。依据河南省智慧城市建设政策的主要影响因子的时间分布状况，可以将不同年份的主要影响因子归纳为泛在建设背景和重点建设背景，并且二者在某些时段存在着交叉现象。泛在建设背景的主要影响因子会长期性地影响政策的制定颁布，也就是说几乎每年都会出现，如中央精神、信息化建设、基础设施建设、智慧应用等影响因子，此外，还发现泛在建设背景的影响因子的每年标记频数会多于其他背景下的每年标记频数。重点建设背景的主要影响因子一般为政府着重强调的建设内容，虽然其单独标记的频数并非最多，但存在同一领域的多个主要影响因子在某一年份内多次影响政策颁布的现象。例如，2015年，智慧城市试点建设、大数据应用是智慧城市建设政策的主要出台原因；2016年，智慧城市建设政策多与新型城镇规划建设、智能制造相关，并且同年中央政策精神被空前强调，是历年来影响智慧城市建设政策颁布最深的影响因子（标记频数为15次）；2017年，智慧气象在智慧城市建设政策颁布背景中被广泛提到；2018年，大数据产业这一影响因子是智慧城市建设背景中的重要影响因子；2019年，数字经济在智慧城市建设政策背景中被着重强调。

第三节　河南省智慧城市建设影响因子的剖析

通过上述分析可知，河南省智慧城市建设政策颁布的社会政治背景中蕴含着一些空间分布和时间分布规律。而这些规律能够为将来完善河南省智慧城市建设政策的体系架构提供理论支持和理论指导。本章研究结果已在理论模型和智慧城市建设实践中得到验证。

智慧城市建设政策在河南省从无到有，可以说是一个政策创新与扩散的过程。美国学者贝里 · F. S. 和贝里 · W. D. （Berry F. S. and Berry W. D. ）认为，所谓的“政策创新的扩散是指某个政策在政府之间传播的过程”①。政策创新和扩散理论提出，“政策创新和扩散的影响因子包含外部传播模型和内部决定模型。其中，内部决定模型指出，某一个地区对一项政策是否采纳、何时采纳是由内部因素决定的，而非其他地区的采纳情况或本地区政策效果评估造成的压力”②。就河南省人民政府及其直属单位而言，在保证城市正常运转的背景下，将城市发展理念贯彻其中，提高市民生活的体验感，是政策颁布的重要动力。而这体现在影响因子在智慧城市建设领域的分布情况中，例如中央和省级精神、信息化建设、智慧应用等分布在综合党团、科、教、文、卫、体和旅游、城乡建设、环保领域的核心影响因子中。

根据国家信息中心 2015 ~ 2019 年发布的《新型智慧城市发展报告》统计得出的历年智慧城市建设重点可知，最受关注的智慧城市建设是涉及城市运营管理、政府政务、城市大数据、交通出行等内容，他们反作用于未来的政策制定出台，成为影响智慧城市建设政策出台稳定性的影响因子。同时，随着我国改革开放的逐渐深入和城镇化的加速发展，惠民服务、市民体验、

---

① Berry F. S. , Berry W. D. Innovation and diffusion models in police research. Sabatier P A. Theories of the Police Process ［M］. Boulder：Westview Press，1999：169 – 200.

② Berry F S. Sizing UP State police innovation research ［J］. Police Studies Journal，1994，22 （3）：442 – 456.

智能设施、信息资源、生态宜居等影响因子也逐渐对智慧城市建设政策的颁布产生了重要影响。所以，本章是在特定时间段内进行河南省智慧城市建设政策影响因子的分析，是为了适应国内和省内城市发展的具体情况，以促进社会繁荣和提高市民幸福度而进行的实证研究。

第四节　本章小结

河南省智慧城市建设政策的颁布是有一定的社会政治背景的，并且这个背景还蕴含着一些普遍性的规律。探索这个普遍性规律，深究河南省智慧城市建设政策影响因子，不仅可以发现某一时间段内政府着重建设的内容，还是推动智慧城市建设政策颁布的主要动力及重要支持力量。

本章通过采取“双重关联”的原则来标注样本政策的背景内容，并在此基础上对影响因子进行了“提取—归纳—抽象—再归纳—再抽象”的工作，最终形成了包含“一般影响因子—主要影响因子—关键影响因子—核心影响因子”的金字塔型河南省智慧城市建设政策影响因子系统。此外还得出了最能影响智慧城市建设政策出台的因子，即中央和省级精神、信息化建设、智慧应用、改革创新等9个核心影响因子。

另外，本章还将78个主要影响因子作为研究样本，分析探讨了影响因子的时空分布状况，并得出以下五个结论：第一，可以将影响因子划分为11个领域、21个类别，其中影响因子在科、教、文、卫、体（33.33%），旅游、城乡建设、环保（15.38%），工交、能源、邮电（12.82%），综合党团（10.26%），秘书、行政（7.69%），以及综合经济（7.69%）这五个领域中分布最为广泛；第二，按照影响因子与智慧城市建设政策的相关程度，可以将影响因子划分为恒相关、长期相关和中短期相关3个相关强度层次，其中长期相关强度即与社会公共利益联系较为密切的（如智慧应用、基础设施建设等）相对最为影响智慧城市建设政策的制定与出台；中短期相关强度即与城市建设能力和惠民服务关系密切的（如医疗改革、公共服务信息化建设等）则相对影响最弱；第三，在领域和层次的交叉分析方面，长期相关因子和中短期相关因子分布较广且有重点突出，而恒相关因子只聚集在综合党团领域；第四，从影响因子的时间分布来看，河南省智慧城市建设政策颁布的影响因子呈增长态势，其数值在2018年达到顶峰，且受多种因素影响的智慧城市建设政策数目也呈现出逐渐增加的趋势；第五，不同年份政策颁布的影响因子可归纳为泛在建设背景和重点建设背景，且二者间存在着交错关系，其中，中央和省级精神、智慧应用、信息化建设等均属泛在建设背景，不同年份的重点建设背景各有不同。

第五章

河南省智慧城市建设政策主体分析

随着新一代信息技术的发展，智慧城市的建设应运而生，成为未来中国城镇化建设的工作重点和工作方向。智慧城市建设的主体包含了不同层级、不同领域的部门，需要各个单位协同推进。本章以河南省智慧城市建设的主体为切入点，深入研究他们在智慧城市建设过程中的时间和空间分布情况，理清不同时期的工作进程以及所属层级，以勾画出整个河南省智慧城市建设的主体体系结构，客观展现河南省智慧城市建设的力量之源。

第一节　智慧城市建设体系基本架构

近年来，随着智慧城市建设进程的加快，大多数政府部门都将智慧城市的建设列为工作内容之一，智慧城市建设体系逐步形成。

一、智慧城市建设主体的统计描述

对样本区间（2008～2019年）内所涉及的河南省级层面政府部门和各地市政府参与发文的有关单位进行统计。

为了更好地研究河南省智慧城市建设政策的制定者与政策文本之间的关系，发现其中蕴含的规律，我们将独立发文单位或联合发文中的牵头发文单位都纳入本次的研究样本范围，并依据对政府部门层级的划分，将河南省智慧城市建设政策的发布单位划分成四个层次，具体划分情况如下。

第一层次：中共河南省委、河南省人民代表大会常务委员、河南省人民政府；

第二层次：中共河南省委、河南省人民政府的专项工作委员会和专项活动领导（指导）小组（如河南省信息化和信息安全工作领导小组办公室）；

第三层次：中共河南省委办公厅、河南省人民政府办公厅；

第四层次：河南省发展和改革委员会、河南省教育厅、河南省工业和信息化厅、河南省民政厅、河南省人社厅、河南省住房和城建厅、河南省交通运输厅、河南省商务厅、河南省旅游局、河南省卫生和计划生育委员会。

河南省智慧城市相关政策的发文主体情况统计如表5－1所示。

表5－1　河南省智慧城市相关政策的发文主体情况统计

序号	发文单位	最早发文时间	单独发文数	牵头联合发文数	非牵头联合发文数	发文总数
1	河南省委	2017年1月18日		3		3
2	河南省委办公厅	2018年12月26日		2		2
3	河南省人大常委会	2008年5月31日	2			2
4	河南省人民政府	2009年6月5日	42		1	43
5	河南省人民政府办公厅	2012年8月23日	54	2	2	58
6	河南省发展和改革委员会	2015年4月20日	3	2	1	6
7	河南省教育厅	2017年8月15日	1			1
8	河南省工业和信息化厅	2012年6月14日	2		1	3
9	河南省民政厅	2018年4月17日			1	1
10	河南省人社厅	2016年7月1日	1	1		2
11	河南省住房和建设厅	2017年6月13日	2		1	3
12	河南省交通运输厅	2016年9月18日			1	1
13	河南省商务厅	2008年6月26日	1		1	2
14	河南省旅游局	2012年6月14日	1	1		2
15	河南省信息化和信息安全工作领导小组办公室	2017年2月22日	1			1
16	河南省卫生和计划生育委员会	2018年4月17日		1	1	2

资料来源：笔者自制。

由表 5 -1 可知，截至 2019 年 12 月，共有 16 个河南省级层面政府部门和各地市政府参与发布了 124 个河南省智慧城市建设相关的政策文本。其中河南省人民政府办公厅发文总数最多，共有 58 个；河南省人民政府制定政策文本数量次之，总共 43 个；单独发文数最多的是河南省人民政府办公厅，发文量为 54 个，占总政策文本（124 个）的 43.55%；牵头联合发文数最多的是河南省委；非牵头联合发文数最多的是河南省人民政府办公厅。由此可以看出河南省人民政府高度重视河南省智慧城市建设，而其他部门则需要加强对河南省智慧建设的政策支持。

二、河南省智慧城市建设主体体系架构

本书根据对样本发文单位的部门统计，并结合实际层级划分，与河南省各个单位和部门出台的有关河南省智慧城市建设的相关政策共同构成河南省智慧城市建设主体体系基本构架，如图 5 -1 所示。

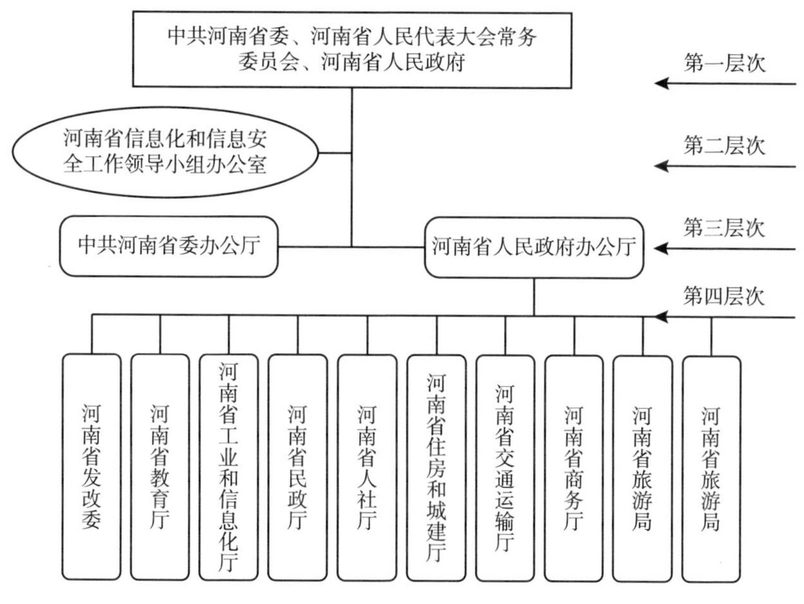

图 5 -1　河南省智慧城市建设主体的体系结构

资料来源：笔者自制。

第二节　智慧城市建设政策主体的空间分布

智慧城市建设活动需要不同层级、不同领域的部门单位参与，需要建设主体之间的相互协作、相互配合，但建设主体分布的范围通常十分广泛，之间的合作也盘根交错，难以理清。因此，为了阐明建设主体的分布范围、不同主体之间的相互关系，本书将采用SPSS 19.0 和 Ucinet 6 等统计工具从空间维度出发，细致地研究智慧城市建设主体所涉及的层次等级、所属领域及其与智慧城市建设活动中主体参与程度的关系，同时进一步深入探讨各个建设主体在建设过程中的协同关系。

一、建设主体的层次分布

表5－2揭示了研究样本中发文单位的所属层级及其发文情况，据此可得出以下结论。

第一，河南省的智慧城市建设，最早是由河南省人大常委提出的，然后各个层级的部门以及相关单位进行跟进，而且在各个层级跟进的时候，第三层级的单位能够在十分短暂的时间范围内迅速发起响应，最终形成了自上而下的智慧城市建设体系，这也符合目前河南省的行政管理特点和当前的智慧城市建设情况。

第二，第一层次和第三层次的发文单位是河南省智慧城市建设的主要生力军。通过统计梳理各个层级建设主体的发文数量发现，第一层次和第三层次的单位部门，即河南省人民政府、中共河南省委、河南省人民政府、河南省人民政府办公厅、中共河南省委办公厅等部门总共发布了111个有关政策，发文数量占比高达84.09%，而位于第四层次的组织部门的发文数量仅占比15.15%。

第三，第二层次的主体在智慧城市建设活动中的参与度相对比较低。由表5－2可知，第二层次的建设主体仅在2017年发布了一项政策文本，在其他研究时间区间内没有任何参与度。这可能是由于河南省人民政府在设置专项工作委员会和专项活动领导小组时针对性、目标性太强，并没有将日常的智慧城市建设活动纳入其工作职责内，最终导致第二层次的建设主体被边缘化，参与程度不高。

表5－2　　　　各个层次的智慧城市建设主体发文数量统计

项目	第一层次	第二层次	第三层次	第四层次	合计
发文数量	49	1	62	20	132
发文数量占比	37.12%	0.76%	46.97%	15.15%	100.00%
最早发文时间	2008年5月	2017年2月	2012年8月	2008年6月	2008年5月

资料来源：笔者自制。

二、建设主体的领域分布

依据建设主体所属领域的差异性，可以将河南省智慧城市建设主体归纳划分为六个领域：综合事务、经济金融、科教文卫体、工业与信息化发展、农林民政、交通发展，具体分布情况如表5－3所示。

表5－3　　　　智慧城市建设主体领域分布情况

序号	领域（主体数量）	建设主体	发文数量（MD_1）
1	综合事务（6）	河南省委、河南省人大常委会、河南省政府、中共河南省委办公厅、河南省人民政府办公厅、河南省发展和改革委员会	107（17.83）
2	经济金融（3）	旅游局、住房和城乡建设厅、河南省商务厅	7（2.3）
3	科教文卫体（2）	河南省教育厅、河南省卫生和计划生育委员会	2（1）
4	工业与信息化发展（2）	河南省工业和信息化厅、河南省信息化和信息安全工作领导小组办公室	4（2）

续表

序号	领域（主体数量）	建设主体	发文数量（MD_1）
5	农林民政（2）	民政厅、人社厅	3（1.5）
6	交通发展（1）	河南省交通运输厅	1（1）

注：MD_1 为每个领域主体的平均发文数量。
资料来源：笔者自制。

由表5－3可知，从发文数量的绝对值可以看出，综合事务（107个）为发文最多的领域，最少的领域为交通发展（1个）和科教文卫体（2个）。从发文数量的相对值（MD_1）来看，综合事务（MD_1 = 17.83）为最高的领域，科教文卫体（MD_1 = 1）和交通发展（MD_1 = 1）的相对发文数量属于最少。

三、建设主体的层次和领域与发文数量的相关关系

为了明确建设主体的发文数量是否与其所属的层级、领域有某种相关关系，本书将采用统计分析软件 SPSS 19.0 进行相关系数分析，其中将层次和领域设置为自变量，发文数量设置为因变量，具体分析结果见表5－4。

表5－4　建设主体层次和领域共同发文数量影响解释的总方差

成分	初始特征值			提取平方和载入		
	合计	方差的（%）	累积（%）	合计	方差的（%）	累积（%）
层次	1.572	78.618	78.618	1.572	78.618	78.618
领域	0.428	21.382	100.000			

注：提取方法：主成分分析。
资料来源：笔者自制。

依据 SPSS 19.0 统计分析软件的特点可知，“如果合计值大于1，则表示自变量对因变量的影响显著，如果合计值小于1，则表示自变量对应变量影

响效果不显著，而且方差的（%）可以代表自变量对因变量的主成分的贡献度”。依据表5－4反映的建设主体所属层次、领域对发文数量的影响可知，建设主体的层次对发文数影响较大，贡献度高达78.618%，而建设主体的领域只能对发文数量产生较小的影响（对发文数量的贡献率仅为21.382%）。

为了验证上述主成分分析法得出的结果，本书又独立进行了建设主体层级、领域与发文数量之间的相关系数分析，分析结果如表5－5所示。由表5－5可知，主体所属层次能够对发文数量产生一定的影响，即两者之间存在着某种相关关系，因为层次对发文数量的单因素方差分析显著性值为0.038，小于显著水平0.05；但是发文数量与主体所属领域之间没有类似的关系，因为领域对发文数量的单因素方差分析显著性值为0.624，大于显著水平0.05，即主体所属领域对发文数量的影响是比较小的，可以忽略不计。也就是说，此结果与主成分分析结果保持一致。

表5－5　建设主体层次和领域分别与发文数量的相关关系

单因素方差分析（层次）

发文数量

项目	平方和	df	均方	F	显著性
组间	1521.538	3	507.179	2.225	0.038
组内	2734.900	12	227.908		
总数	4256.438	15			

单因素方差分析（领域）

发文数量

项目	平方和	df	均方	F	显著性
组间	1125.271	5	225.054	0.719	0.624
组内	3131.167	10	313.117		
总数	4256.438	15			

资料来源：笔者自制。

四、多主体协作建设的智慧城市

由于智慧城市建设工作涉及城市发展的方方面面，因此往往需要各个主体相互配合、合作进行。由表 5－1 可知，在 124 个河南省智慧城市建设的相关政策里，由一个建设主体独自制定并颁布实施的政策文本有 110 个，只有 14 个政策文本是由两个及两个以上的建设主体联合发布的，其中联合发文单位的具体数量分布及发文量如图 5－2 所示。

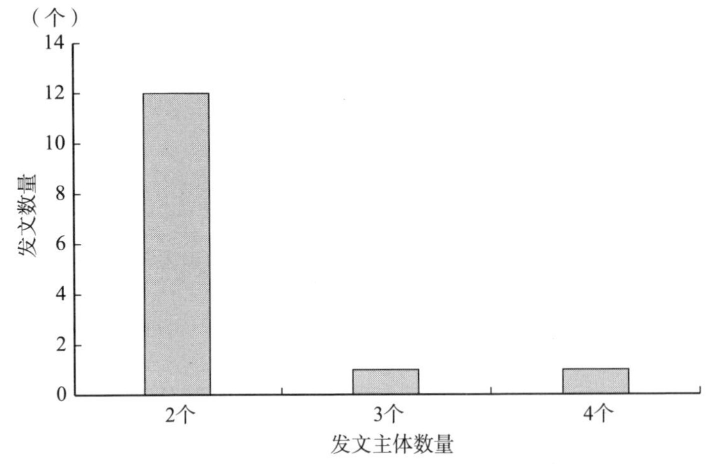

图 5－2　联合发文主体数量与发文数量统计

资料来源：笔者自制。

由图 5－2 可知，由 2 个建设主体构成的发文组织，制定出台了 12 个政策，占联合发文数量的 85.71%；而由 3 个主体、4 个主体联合发布的政策文本各有一个，占比约为 7.14%，[①] 并且可以发现河南省智慧城市建设政策的联合发文主体数量最多为 4 个，这说明对河南省智慧城市建设相关问题涉及领域的宽度和多元主体合作的协调性仍然是有待提升的。因此，针对联合主体之间的复杂社会关系进行社会网络分析变得极为重要，而这可以借助统计分析软件 Ucinet 6 ，具体

① 图 5－2 中 2 个发文主体的发文数量为 12，3 个发文主体的发文数量为 1，4 个发文主体的发文数量为 1。因此，由 3 个主体、4 个主体联合发布的政策文本各有 1 个，占比约为 7.14%。

分析情况如图5－3所示，图中一个结点代表的是一个建设主体，结点越大，就代表这个主体与其他主体之间的合作越多；带箭头的连线则表示建设智慧城市过程中不同主体间的合作关系及其之间的主导方向。而且基于图5－3还可以分析建设主体之间的点度中心度、网络密度和合作紧密程度等。

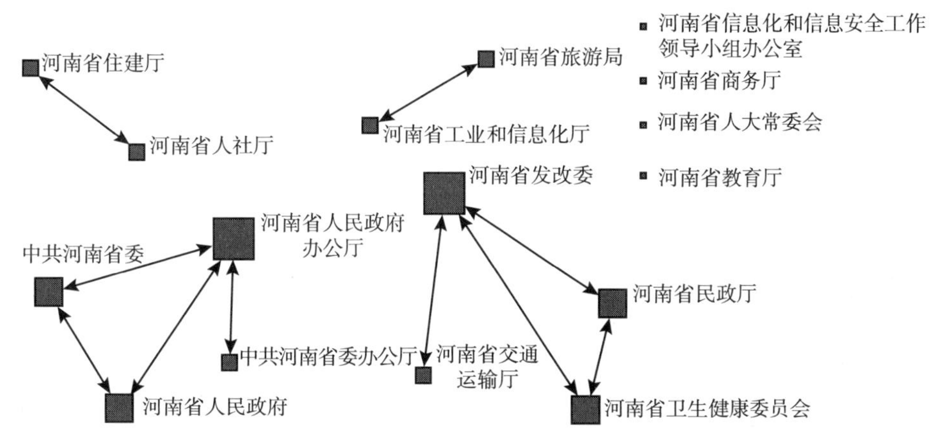

图5－3　河南省智慧城市建设主体的协作建设关系

资料来源：由笔者根据已有数据利用软件自制。

（一）点度中心度（degree centrality）

"社会网络分析各个主体的'权力'通过不同主体之间的'关系'体现——假如一个主体与其他的主体之间有直接关联，那么就可以说该主体处于中心地位，就意味着该主体拥有较大的权力①。在这个社会网络关系图当中，点的度数中心度为与该点有直接关系的点的数目，即点度中心度越大，那么它的中心地位就会越重要，与此同时在社会网络中的权力也就越大"。在分析建设主体之间的点度中心度时，要重点关注图中结点的大小，因为这是点度中心度的直观表现。在图5－3中，代表河南省人民政府办公厅和河南省发展和改革委员会的结点较为突出，这就说明在智慧城市建设网络中，这两个省级部门单位是"领头羊"，是建设网络的核心，而且以它们为中心向

① 刘军．整体网分析讲义——UCINET软件实用指南［M］．上海：格致出版社，2009：97.

外进行辐射发散，增强了不同建设主体之间的协调合作。

（二）网络密度（density）

“在社会网络分析当中，建设主体之间的总体联系情况的概括性描述为密度，它是为了测量合作网络中主体之间的关联强度。协作建设社会网络中结点主体间的联系越广，代表网络密度也就越大，那么整个联系网络和其他结点主体对该主体的约束就越大、整体趋同性也就越大、集体行动的倾向性也就更为明显”。河南省智慧城市建设的协作网络密度的平均值为0.08，这说明一对主体之间的平均合作行为小于一次，同时这也表明了整体网络密度的低下。

（三）合作紧密程度

总体来说，在智慧城市建设过程中，各个主体之间的合作配合比较少，既包括合作次数的稀少，也包含合作范围的狭窄。而且，即使进行不同部门之间的合作也只是局限于某一领域，例如游离在外侧的经济金融领域的河南省旅游局、住房和城乡建设厅、人力资源和社会保障厅；工业与信息化发展领域的河南省工业和信息化厅等，均是进行“小规模”合作。此外，各个建设主体之间的合作关系有待进一步完善，因为目前的“小规模”的合作网络关系以及“整体性”的社会网络关系都是非闭合式的，都存在一定的弊端，这可能与其工作职责和内容相关。河南省智慧城市建设实践也证明了这一结论。

城市发展和建设是一项系统性的工程，且由新一代信息技术兴起而催生的智慧城市更是较之以往的城市形态更加复杂，因此在整个建设的过程中需要具有高效率、高水平的建设主体协作关系来进行统筹规划，并且有计划有目的地进行统筹推进。此外，智慧城市建设的高要求、高标准也要求增加部门之间合作交流的频次，促进部门之间的协作配合，促进智慧城市建设社会网络的优化。

第三节　智慧城市建设政策主体的时间分布

河南省智慧城市的建设是一个循序渐进的过程。为了系统地梳理出各个建设主体的时间分布情况，解答“在不同的时间段哪些部门参与了智慧城市建

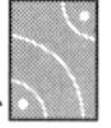

设政策的颁布实施？不同部门在政策制定时如何协调配合的？”等问题，本节先从宏观角度来研究建设主体数量的年度分布，再研究中观层面的各个层次、领域的建设主体情况，最后分析微观层面的主要建设主体政策制定情况。

一、建设主体总量的年度分布

图5-4是河南省智慧城市建设政策年度发文数与发文单位数的统计分析。由图5-4可知，发文数与发文单位数量的发展趋势基本是一致的，且在总体数量上二者都具有明显的阶段性特征。2011年后，发文单位数量明显呈增长趋势，2016年和2017年最多，达到8个，此时发文数也达到了最高值28个，此后在2017年二者开始呈现出回落的趋势。

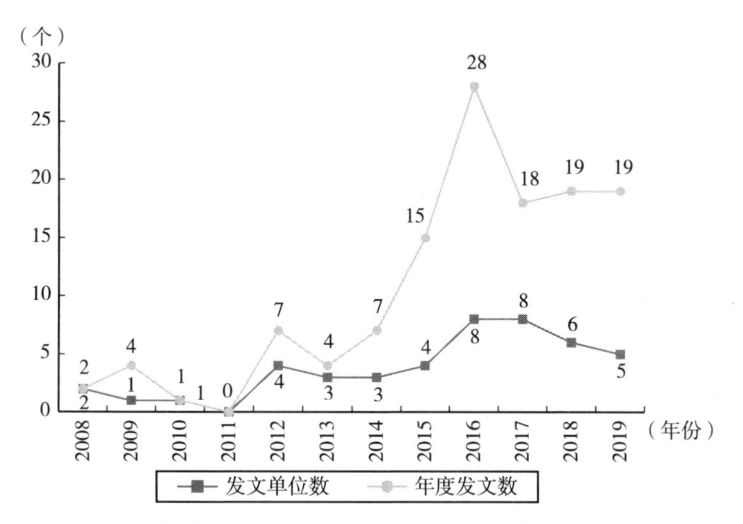

图5-4　2008～2019年参与出台河南省智慧城市建设政策的单位数量与年度发文数

资料来源：笔者自制。

通过对政策创新和扩散理论相关知识的系统梳理发现，河南省当前的智慧城市建设过程与创新扩散的过程（或者说与“S”型曲线的形状）极为相似：“刚开始传播阶段，采用者比较少，扩散速度也比较缓慢（相当于本书中的2011年及以前）；但是当采用者人数达到总体居民人数的10%～25%时（相当于参与建设主体数量占国家层面政策主体的数量比例），扩散的进度突然加快，曲线保持增长态势急速上升（相当于2012～2017年）；接近饱和之时，扩散的进度则会放慢（相当于2017年以后）”①。此外，还发现公众需求既是政策创新和扩散的影响因素，也是政策创新与扩散的发展动力②，这一发现也同样适用于智慧城市建设活动。因此，为了满足公众对城市发展的需求，每一个建设主体应当提高积极主动性和参与程度，同时也要做到及时解决智慧城市建设活动中遇到的问题。而且为了学习仿效其他部门，尤其是属于同一领域的其他部门的创新经验，相同领域的许多部门都会选择参与到智慧城市建设活动当中（如旅游局、住房和城乡建设厅、河南省商务厅等），以实现降低发展成本、提高建设效率的目标。而且，河南省委、省政府对于智慧城市建设的高要求、高标准，也会使智慧城市相关政策更快地贯彻落实，从而促使政策创新快速扩散。

二、各个层次建设主体的年度产生数量分布

表5－6和图5－5是不同层次的治理主体在样本区间的政策发布数量分布情况。

表5－6　　2008～2019年各个层次主体出台政策的数量与权重

项目	第一层次（R,%）	第二层次（R,%）	第三层次（R,%）	第四层次（R,%）	SD_Y
2008年	1（8，3.56）	0	0	1（6，5.00）	0.58
2009年	4（7，7.14）	0	0	0（10，0）	2.00
2010年	1（11，1.79）	0	0	0（11，0）	0.50
2011年	0（12，0）	0	0	0（12，0）	0.00
2012年	2（8，3.56）	0	3（6，4.69）	2（5，10.00）	1.26
2013年	2（9，3.56）	0	1（7，1.56）	1（7，5.00）	0.82
2014年	5（8.92）	0	1（8，1.56）	1（8，5.00）	2.22
2015年	7（3，1.25）	0	7（4，10.94）	1（9，5.00）	3.77

① ［美］埃弗雷特·M. 罗杰斯．创新的扩散（第四版）［M］．辛欣，等译．北京：中央编译出版社，2002.

② ［美］保罗·A. 萨巴蒂尔．政策过程理论［M］．彭宗超，等译．北京：生活·读书·新知三联书店，2000.

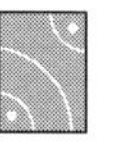

续表

项目	第一层次（R,%）	第二层次（R,%）	第三层次（R,%）	第四层次（R,%）	SD_Y
2016 年	15（1，26.79）	0	20（1，31.25）	5（1，25.00）	9.13
2017 年	8（2，14.29）	1（1，100）	6（5，9.38）	3（2，15.00）	3.11
2018 年	5（8.92）	0	13（2，20.31）	3（3，15.00）	5.56
2019 年	5（8.92）	0	13（3，20.31）	3（4，15.00）	5.56
MD_h	4.58	0.83	5.33	1.67	–
SD_h	4.12	0.29	6.69	1.56	–
合计	55	1	64	20	–

注：“（R,%）”为该年度政策发表数量在同一层次内的排序及占比；MD_h 为某个层次主体的年平均发文数量，以其发文年数为基准计算；SD_h 为某个层次主体发文数量的标准差；SD_Y 为每个年度的发文数量标准差。

资料来源：笔者自制。

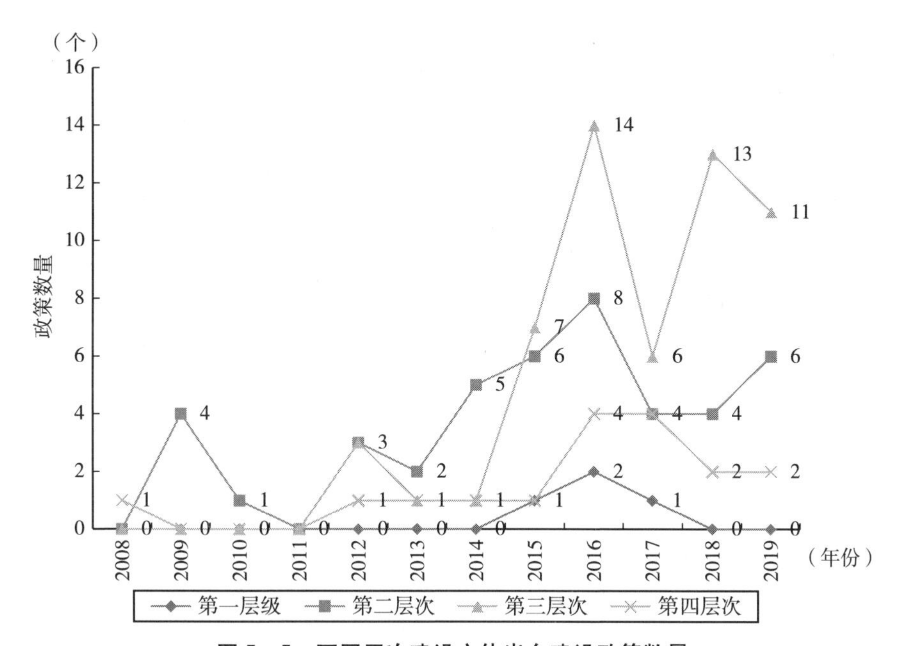

图 5－5 不同层次建设主体出台建设政策数量

资料来源：笔者自制。

根据表 5－6 和图 5－5 可以得到以下三个结果。

第一，各个层次发文数量的阶段式特征是存在的。从图 5－5 中可以看出在2014年之后各个层次的发文数量显著增加。其中，第二、第三层次主体发文最多的年份均为2016年，第四层次主体发文最多的年份为2016年和2017年，从时间序列上印证了河南省智慧城市建设是一个自上而下的过程。虽然第一层次的建设主体对河南省智慧城市建设的关注时间段与其他层次基本一致，但是相较于其他层次的建设主体发文数量，第一层次主体出台的政策文本比较少，需要进一步补充扩展。

第二，在研究时间区间内，2015～2019年每个年度发文数量的离散程度（SD_Y）皆处于高峰状态，并在2016年的时候达到了最大值（$SD_Y=9.13$），这主要是因为在这个时间段内第三、第四层次的主体数量众多，且都注重智慧城市的建设，而由于第一层次的主体数量比较少，即使在智慧城市建设工作上给予更多的关注，第一层次的建设主体也很难在发文总数上追赶上其他层次，总是存在着一定的差距。

第三，在发文总量和年平均发文数量（MD_h）方面，第一层次和第三层次的数量情况皆随着时间的推进在逐渐增加，而第四层次的却呈现出下降的趋势；同时，由上述图表可知，第三层次主体各个年度的发文数量皆比其他层次主体的发文数量高，且差距比较明显。这种结果也与政策落实程序、公务管理逻辑相符合，即负责具体贯彻落实的单位和部门需要制定多个相关政策来支持战略目标规划政策的落地生根。此外，还发现第三层次主体的智慧城市建设活动并非是一个持续的过程，他们的建设强度是随着外部环境的变化而变化，因为第三层次建设主体的发文数量离散值（SD_h）最大。

三、各个领域建设主体的年度生产数量分布

表5－7为各个领域建设主体在2008～2019年出台的智慧城市建设相关政策的数量。据此可得以下结论：第一，各个领域建设主体的发文数量是呈阶段性的，这与各个层次的时间分布情况基本保持一致。具体情况如下，各领域的发文数量从2015年开始显著增加，同年智慧城市建设政策中涉及综合事务领域的也达到了比较多的数量（15个）；而且在2016年和2018年这两年，每一年大概都会出台20个相关政策，这也是各领域、各年份发文数量最

多的两年。第二，如果是在各领域每个年度的平均发文数（MD_{y1}）差异不大的年份，发文数量越多，发文数量的标准差（SD_{y1}）就会越大，这也说明领域内各个主体出台的政策数量差异很大。第三，在那些样本区间的年平均发文数量（MD_a）比较相近的领域，发文数量标准差（SD_a）也会较为相近，说明这些领域在各个年份出台的政策数量浮动不大。

表 5－7　　　　2008～2019 年各个领域主体出台政策的数量

项目	经济金融	农林民政	科教文卫体	交通发展	综合事务	工业与信息化发展	MD_{y1}	SD_{y1}	年度合计
2008 年	1				1		0.33	0.00	2
2009 年					4		0.67	0.00	4
2010 年					1		0.17	0.00	1
2011 年							0.00	0.00	0
2012 年	1				5	1	1.33	1.94	8
2013 年					3	1	0.67	1.21	4
2014 年	1				6		1.17	2.40	7
2015 年					15		2.5	0.00	15
2016 年	1	1		1	37		4.83	14.87	29
2017 年	1		1		15	1	2.67	5.90	16
2018 年		1	1		19	1	3.67	7.53	22
2019 年	2	1			18		3.5	7.09	21
MD_a	0.58	0.25	0.17	0.08	10.33	0.33			
SD_a	0.67	0.00	0.00	0.00	10.92	0.00			
合计	6	3	2	1	124	4			

注：MD_a 为某个领域主体的年平均发文数量，以其发文年数为基准计算；SD_a 为某个领域主体发文数量的标准差；MD_{y1} 为每个年度的发文平均数，SD_{y1} 为每个年度的发文数量标准差。

资料来源：笔者自制。

四、主要建设主体的年度政策生产数量分布

此外，本书还对河南省智慧城市建设相关政策发文的 16 个主体进行了年度政策发布情况分析（含单独发文数、牵头联合发文数和非牵头联合发文数），具体情况如表 5－8 所示。

表 5-8　2008～2019 年智慧城市建设主体发文时间与频率分布

项目	河南省委	河南省委办公厅	河南省人大常委会	河南省人民政府	河南省人民政府办公厅	河南省发改委	河南省教育厅	河南省工业和信息化厅	河南省民政厅	河南省人社厅	河南省住房和建设厅	河南省交通运输厅	河南省商务厅	河南省旅游局	河南省信息化和信息安全工作领导小组办公室	河南省卫生和计划生育委员会	SD_{Y2}
2008 年			1										1				
2009 年				4													
2010 年				1													
2011 年																	
2012 年				2	3			1（1）						1			0.96
2013 年				2	1			1									0.58
2014 年				5	1									1			2.31
2015 年			1	6	7	1											3.20
2016 年		1		15（3）	19（1）	2				1		1（1）	1				7.80
2017 年	3			5（1）	6	1	1				1				1		2.15
2018 年	1			4	13	1		1	1（1）							1（1）	2.15
2019 年		1		5	12（1）					1	2（1）						2.15
合计	4	2	2	49	61	5	1	3	1	2	3	1	2	2	1	1	-
发文年数	2	2	2	10	8	4	1	3	1	2	2	1	2	2	1	1	-
MDi	2.00	1.00	1.00	1.90	7.60	1.25	1.00	1.00	1.00	1.00	1.50	1.00	1.00	1.00	1.00	1.00	-
SDi	1.41		0	3.90	6.43	0.50		0		0	0.71		0	0			-

注：非牵头联合发文数量用“（）”表示；MDi 为各主体年平均发文数量，以各主体发文年数为基准计算；SDi 为各个主体发文数量标准差；SD_{Y2} 为各个年份发文数量标准差。

资料来源：笔者自制。

根据表 5－8 可得出以下结论。

第一，单个年份发文频数：河南省人民政府办公厅（2016 年，19 个）、河南省人民政府（2016 年，15 个）和河南省发展与改革委员会（2016 年，2 个）分别是单个年份发文频率的前三甲。

第二，发文年数：河南省人民政府在本次 12 年的研究时间区间中，有 10 个年份都制定出台了智慧城市相关政策，是总体发文年数最多的一个省级单位；而河南省人大常委会、河南省信息化和信息安全工作领导小组办公室、河南省教育厅、河南省交通运输厅和河南省民政厅分别只有 1 个年份参与到了智慧城市建设当中，是发文年数最少的几个省级单位。

第三，发文时间：河南省人大常委会（2008 年，1 个）和河南省商务厅（2008 年，1 个）是最早开始制定颁布智慧城市相关政策的建设主体；其次为河南省人民政府（2009 年，4 个）；而最晚的建设主体为河南省住房和建设厅以及河南省信息化和信息安全工作领导小组办公室，在 2018 年才开始进行智慧城市建设政策的制定及其活动的规划实施。

第四，MDi 与 SDi：各个主体的年平均发文数（MDi）、样本区间的发文离散程度（SDi）都与发文总量的排序情况相符合，且基本一致。具体来说，在年平均出台政策数量方面，河南省委（MDi＝2.00）、河南省人民政府（MDi＝1.90）和河南省人民政府办公厅（MDi＝7.60）是出台最多的三个主体。虽然河南省住房和建设厅发文起步晚、发文年数少，但其年平均出台政策数（MDi＝1.50）并不少。平均出台政策数量最少的是河南省委办公厅（MDi＝1.00）、河南省人大常委会（MDi＝1.00）、河南省教育厅（MDi＝1.00）、河南省工业和信息化厅（MDi＝1.00）、河南省民政厅（MDi＝1.00）、河南省人社厅（MDi＝1.00）、河南省交通运输厅（MDi＝1.00）、河南省商务厅（MDi＝1.00）、河南省旅游局（MDi＝1.00）、河南省信息化和信息安全工作领导小组办公室（MDi＝1.00）以及河南省卫生和计划生育委员会（MDi＝1.00）。同时，河南省人民政府办公厅（SDi＝6.43）和河南省人民政府（SDi＝3.90）也是发文离散值最高的两个主体，因为在智慧城市的建设过程中，二者均只是在某些年份非常注重智慧城市建设的推进，出台较多的政策，而在其他年份制定出台的政策数量就比较少；然而，河南省住房和城乡建设厅（SDi 值低于其他主体）的发文数量却比较平均，说明其对智慧城市建设的关注并不是断断续续的，而是一种持续的状态；其中有部分主体的 SDi 值为 0.00，这主要是因为部分部门仅发布了一份关于智慧城市建设的政策。

第五，SDy2：各个年份发文数量离散程度的差异性较大。在 2014 ~ 2016 年这三年期间，SDy2 值逐渐攀升，最终在 2016 年（SDy2 = 7.80）达到了最大值；在此基础上结合各个主体发文数量的情况，可以发现在 2014 ~ 2016 年，一些部门发文较多，而一些部门则表现比较平淡，说明不同主体之间对智慧城市建设的重视程度差异很大。这也从侧面体现出目前河南省智慧城市建设中普遍关注、重点建设的特点，反映出智慧城市建设活动中各个部门参与积极性的提高。

第四节　本章小结

本章通过对建设主体的提取、归纳和总结，结合河南省人民政府管理的实际情况，在明确机构五层划分标准的基础上，构建了河南省智慧城市建设体系的基本框架，勾画出从河南省人大常委、中共河南省委、河南省人民政府，到河南信息化和信息安全工作领导小组办公室，再到中共河南省委办公厅，河南省人民政府办公厅层面的建设体系。

以宏观的总体情况、中观的层次领域以及微观的建设主体为切入点，探讨河南省智慧城市建设主体的时空分布规律，主要有以下研究成果。

第一，共有 16 个河南省级层面政府部门参与发布了 124 个河南省智慧城市建设相关的政策文本，其中河南省人民政府办公厅发文总数最多，牵头联合发文数最多的是河南省委；非牵头联合发文数最多的是河南省人民政府。由此可见，第一层次的单位对智慧城市建设相当重视。

第二，就智慧城市建设主体的空间分布而言，第一层次的发文数量占比只有 4.03%，而第二层次和第三层次的单位和部门（即河南省信息化和信息安全工作领导小组办公室、河南省人民政府办公厅、中共河南省委办公厅）

是河南省智慧城市建设政策制定颁布的主力军，其出台的政策文本总量在研究样本中的占比达到了79.84%；其次，建设主体所属层次能够对发文数量产生一定的影响，即主体所属层次等级越低，其制定颁布的政策数量就会越多，但是主体所属领域与发文数量之间并没有存在这种相关关系，即显著性影响较小，可以忽略。此外，在多个主体合作建设网络中，虽然目前存在最多由4个主体共同发布相关政策的情况，但2个主体共同发文的情况才是最为普遍存在的；另外，河南省人民政府办公厅和河南省发展与改革委员会是合作建设网络中影响力最强的两个省级单位，但整体的智慧城市建设主体网络密度不高，甚至低于0.1（平均一对主体之间的协作建设行动次数为0.08），因此进一步提高各个主体之间的协调合作应成为未来完善主体结构的重点建设内容。

第三，对智慧城市建设主体的时间分布情况进行系统梳理后发现，参与建设的主体数量从2015年开始显著增长，在2016年达到了最大值（7个），此后四年期间（包括2016年）保持相对的稳定。此外还发现每个智慧城市建设主体对建设活动的认知和落实是一个循序渐进的过程，并且其建设强度会随着内部环境和外部环境的变化而有针对性地发生变动，这是因为无论是各个层次的主体在同一年份的表现，或者是同一层次的主体在不同年份的表现，都存在着非常大的差异性，且无法忽略。类似地，属于不同领域的建设主体之间在同一年份所制定颁布的政策文本数量也会非常的不同，但是也有例外，如同一领域内建设主体在不同年份出台的政策数量是基本稳定的，呈阶段式分布特征。

第四，河南省智慧城市建设活动呈现出普遍关注、重点建设的特点，而这一点主要是由建设主体在各个年份发文数量离散程度差异很大体现出的。此外，单个年份发文频率最高的建设主体为河南省人民政府办公厅和河南省人民政府，其也是年平均发文数量最多的两个省级部门。而且，河南省人民政府参与建设智慧城市的时间也是最长的（发文年数最多）；发文最早的是河南省人大常委会和河南省商务厅，其次为河南省人民政府，这表明智慧城市建设的兴起是以自上而下的形式出现的。

第六章

河南省智慧城市的建设客体

在经济全球化的大背景下，随着信息技术和大数据的发展与应用，“智慧城市”作为城市化发展到一定阶段的产物被人们所熟知。在近十几年来，河南省的城市人口逐年递增，发生了大规模的城市化，而城市这个大体系如何高效率的运营以及可持续化的发展，成为一个时代课题。

“智慧城市”是信息化时代的一种全新城市形态，是集大数据产业、互联网 +、智能产业和智慧应用于一体的城市信息化高级发展阶段[①]。与早期城市信息基础设施建设和数字城市建设相比，智慧城市建设更加强调系统整合与服务，从“信息孤岛”到“共享集成”，从“数据为王”到“应用至上”，更加强调城市管理的统筹兼顾、协同配合、快捷高效、实时互动、智能服务[②]。智慧城市建设包含的内容具有多面性、复杂性和广泛性的特点，不能简单笼统地将其理解为单一的政策客体，智慧城市作为数字城市以后信息化城市发展的高级形态，它的提出与应用使信息资源能够有效地收集、分析和共享，从而吸引大量的人才与投资，促进经济转型，实现城市的可持续发展。河南省智慧城市建设政策作为特定的公共政策现象和话语现象，其中建设客体的标注主题词、出现的频次、时间空间分布等均体现了河南省智慧城市建设重点及其变迁。分内容、分层次地剖析智慧城市建设的具体建设内容和发展方向，明确河南省智慧城市的建设热点、重点和难点，才能清晰了解

---

① 宋刚，邬伦. 创新2.0视野下的智慧城市［J］. 城市发展研究，2012，19（9）：53－60.

② 李传军. 大数据技术与智慧城市建设——基于技术与管理的双重视角［J］. 天津行政学院学报，2015，17（4）：39－45.

河南省智慧城市建设客体的全貌。

本章运用公共政策文本的话语分析方法，通过对样本中的建设客体进行双重关联主题词提取和统计分析，着重探究历年来河南省智慧城市建设的主要建设内容、所涉及的社会管理工作方向、各个时期的建设重点和不同建设主体的智慧城市建设偏好，并总结归纳河南省智慧城市建设客体的时空分布规律，以期客观呈现河南省智慧城市建设的关键所在。

第一节　河南省智慧城市建设客体的统计描述

一、河南省智慧城市建设客体的概况

在公共政策文本的话语分析中，完整获取并严格区分政策用词，是准确、清晰了解智慧城市建设客体的有效手段。因此，在对样本中智慧城市建设客体进行反复、多次的标注和提取的过程中，尽量保留文件中的原词，以原汁原味的方式呈现出不同时期、不同部门对于智慧城市建设的细微差别。根据提取结果，124 个样本中，有 42 个样本只存在单一关联主题词，故而共得到 206 个关联主题词。然后，将筛选出的关联主题词输入 Tagxedo 词云可视化软件，按照软件成像原理，出现频率最高的词以单个词语或词语组合的形式突出显示，具体结果直观呈现为河南省智慧城市建设的主要客体为智慧城市建设（综合）、信息化建设（综合）、智慧应用（综合）、电子政务、互联网＋、大数据、城镇规划建设、智能终端和智慧物流。将 206 个关联主题词统计归纳之后，共识别出 83 个建设客体，按照其标记次数和权重排序，如表 6－1 所示。

表6－1　河南省智慧城市建设客体标注与排序

序号	建设客体	标注次数	标注占比	序号	建设客体	标注次数	标注占比
1	智慧城市建设（综合）	33	16.02%	27	智能产业发展	2	0.97%
2	信息化建设（综合）	21	10.19%	28	数字经济	2	0.97%
3	智慧应用（综合）	15	7.28%	29	智慧城市试点	1	0.49%
4	电子政务	12	5.83%	30	口岸管理智能化	1	0.49%
5	互联网＋	7	3.40%	31	旅游信息化	1	0.49%
6	大数据	5	2.43%	32	智能装备	1	0.49%
7	城镇规划建设	5	2.43%	33	行政执法信息化建设	1	0.49%
8	智能终端	5	2.43%	34	智慧化建设	1	0.49%
9	智慧物流	4	1.94%	35	智慧通信	1	0.49%
10	智慧气象	3	1.46%	36	智慧航运	1	0.49%
11	智慧交通	3	1.46%	37	智慧体育	1	0.49%
12	智慧旅游	3	1.46%	38	智慧粮食	1	0.49%
13	信息化服务	3	1.46%	39	智慧博物馆	1	0.49%
14	科技创新	3	1.46%	40	智慧养老	1	0.49%
15	数字化城市管理系统	3	1.46%	41	智慧供应链体系	1	0.49%
16	信息化管理	2	0.97%	42	智慧水利	1	0.49%
17	智慧化管理	2	0.97%	43	食品安全监管信息化建设	1	0.49%
18	新型城镇化建设	2	0.97%	44	信息技术发展	1	0.49%
19	数字化城市建设	2	0.97%	45	信息网络建设	1	0.49%
20	智能产业建设	2	0.97%	46	公共服务信息化	1	0.49%
21	物流信息化	2	0.97%	47	口岸物流信息电子化	1	0.49%
22	智慧产业	2	0.97%	48	信息化消费	1	0.49%
23	大数据产业发展	2	0.97%	49	互联网＋政务服务	1	0.49%
24	大数据应用	2	0.97%	50	互联网＋流通	1	0.49%
25	互联网＋医疗健康	2	0.97%	51	互联网＋行政执法	1	0.49%
26	互联网＋教育培训	2	0.97%	52	互联网＋人社	1	0.49%

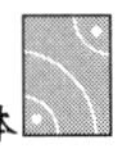

续表

序号	建设客体	标注次数	标注占比	序号	建设客体	标注次数	标注占比
53	互联网+商贸	1	0.49%	69	智慧消防	1	0.49%
54	新兴产业发展规划	1	0.49%	70	特色农业	1	0.49%
55	工业互联网平台建设	1	0.49%	71	5G 网络建设	1	0.49%
56	旅游移动客户端	1	0.49%	72	电子信息产业	1	0.49%
57	网络安全	1	0.49%	73	电子商务	1	0.49%
58	数学技术应用	1	0.49%	74	自主创新	1	0.49%
59	政务云管理	1	0.49%	75	互联网+智慧城市	1	0.49%
60	数字黄河金三角	1	0.49%	76	智慧化流通	1	0.49%
61	健康养老	1	0.49%	77	消防信息化	1	0.49%
62	智慧农业	1	0.49%	78	智能化管理	1	0.49%
63	电子证照管理	1	0.49%	79	信息化产业结构	1	0.49%
64	大数据综合试验区	1	0.49%	80	地理信息产业发展	1	0.49%
65	智慧城市与数字社会	1	0.49%	81	改革创新	1	0.49%
66	交通“一卡通”	1	0.49%	82	城市安全建设	1	0.49%
67	政务信息系统建设	1	0.49%	83	供给侧结构性改革	1	0.49%
68	医改信息化建设	1	0.49%		合计	206	100%

资料来源：笔者自制。

由表6-1可知：第一，在客体标注词的样本区间中，河南省智慧城市建设工作的主要精力放在了“智慧城市建设（综合）”“信息化建设（综合）”“智慧应用（综合）”“电子政务”和“互联网+”五个方面，其出现次数占全部建设内容的42.72%。其中综合是指智慧化城市建设的过程中覆盖面较广，因此在建设过程中无论是信息化还是智慧化应用都涉及多个方面，统一用综合来表示。第二，多样化的智慧城市建设客体在措辞选取、内涵范围上存在差异，体现出了智慧城市建设进程的演变。第三，虽然河南省智慧城市的建设客体有着不同的建设方向与建设重点，但是其内容仍然存在较为普遍的交叉现象，如信息化管理与信息化服务的交叉、数字化城市管理系统与数字化城市建设的交叠等，这可能与智慧城市建设的涉及范围广、建设客体关联性强以及个别建设客体相互依存等方面有关。

二、河南省智慧城市建设客体的归类

为了减小河南省智慧城市建设客体交叉性和模糊性带来的认知阻碍，在结合往年智慧城市的建设实践，参考现有关于河南省智慧城市建设内容划分的研究成果以及收集分析与智慧城市建设有关的法律文献的基础上，本书根据河南省智慧城市建设客体内容的相似性和联系紧密性，将建设客体进行划类区分，归纳结果如表6－2和图6－1所示。

表6－2　智慧城市建设客体归类表

序号	类别	包括的智慧城市建设客体	标注次数
1	综合类	智慧城市建设（综合），智慧应用（综合），信息化建设（综合）	69
2	信息化服务与管理类	旅游信息化，信息化管理，行政执法信息化建设，食品安全监管信息化建设，信息技术发展，物流信息化，公共服务信息化，政务信息系统建设，医改信息化建设，信息化消费，信息化服务，信息网络建设，消防信息化，信息化产业结构，地理信息产业发展，电子政务，电子商务，口岸物流信息电子化，电子证照管理，大数据，大数据应用，大数据综合试验区，数字化城市管理系统，数字黄河金三角，数学技术应用，数字化城市建设	49
3	智慧应用类	智慧物流，智慧交通，智慧旅游，智慧农业，智慧航运，智慧体育，智慧粮食，智慧博物馆，智慧养老，智慧供应链体系，智慧水利，智慧城市与数字社会，智慧城市试点，智慧化建设，智慧气象，智慧通信，智慧化管理，智慧消防，智慧化流通	29
4	智慧产业类	智慧产业，智能终端，智能产业发展，智能装备，口岸管理智能化，智能产业建设，智能化管理，电子信息产业，大数据产业发展，数字经济	19

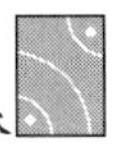

续表

序号	类别	包括的智慧城市建设客体	标注次数
5	互联网+类	互联网+，互联网+医疗健康，互联网+教育培训，互联网+政务服务，互联网+流通，互联网+行政执法，互联网+人社，互联网+商贸，工业互联网平台建设，互联网+智慧城市	18
6	专项建设类	特色农业，5G网络建设，新兴产业发展规划，交通“一卡通”，旅游移动客户端，网络安全，健康养老，政务云管理，城镇规划建设，城市安全建设，新型城镇化建设，供给侧结构性改革	17
7	创新类	科技创新，自主创新，改革创新	5

资料来源：笔者自制。

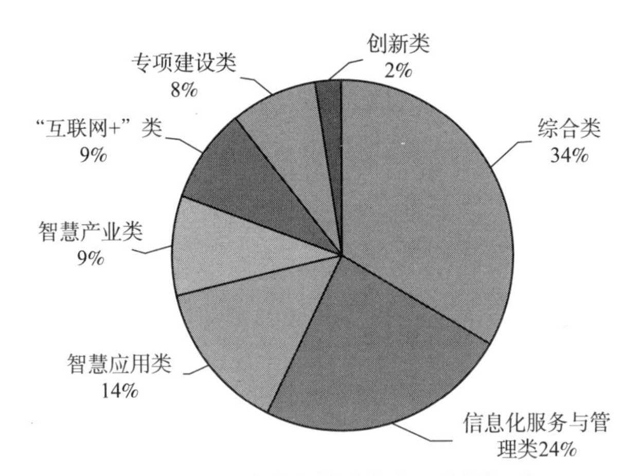

图6－1　河南省智慧城市建设客体权重

资料来源：笔者自制。

由表6－2和图6－1可知：第一，河南省对于智慧城市方面的建设，基本覆盖了从城市化形态的产生到数字化城市的出现，紧接着从数字化城市到信息化城市的发展，最终从信息化城市到智慧化城市被提出并应用建设的发展全过程①，已经形成了以“信息化服务与管理—智慧应用—互联网+—专

① 吴森．“智慧城市”的内涵及外延浅析［J］．电子政务，2013（12）：41－46.

项建设—智慧产业”为客体的工作链条，并辅以创新型科技等推动智慧城市建设的手段。第二，“重信息，轻创新”。信息化管理可以使信息资源能够有效地收集、分析和共享，从而吸引大量的人才与投资，促进经济转型，实现城市的可持续发展①。但根据样本统计数据可知，创新类智慧城市建设并没有成为河南省智慧城市建设工作的重点和热点。第三，河南省智慧城市建设客体在智慧产业类占比较少。表6－2所述产业为新一代的高新技术产业，由表中数据可知智慧产业类内容占比仅为9.22%②，说明虽然各个河南省智慧城市建设主体在协作建设中已经将智慧化应用到了产业中，并且以此来不断地促进产业发展，但是由于河南省是一个传统的农业大省，重点在于传统的工农产业上，针对高新技术产业的应用仍相对缺乏。

第二节　河南省智慧城市建设客体的空间分布

近年来，智慧城市的建设之所以成为目前信息化城市的一个发展趋势，并且能引起政府和公众的广泛关注和高度重视，不仅是因为其自身是由不同的层次构成，包含基础设施建设、信息平台建设及两大类核心应用，而且智慧城市还涵盖了复杂大量的信息通信领域，譬如城市信息化、智能交通、医疗信息化、移动互联网应用和移动支付等，渗透到了不同的部门社会管理工作当中③。那么哪些方面的工作与“智慧城市建设”密切相关？不同建设主体关注的智慧城市建设客体内容是否相同？

众所周知，在各个主体发布的政策文本中，智慧城市建设客体的章节分布可以体现出与智慧城市建设产生交集的社会工作领域。在对一系列与智慧城市建设相关联的公共政策和法律文献进行筛选、收集与整理后，首先对相关法律文献中智慧城市建设客体方面的主题词进行提取标注，再将

① 张爱平．“互联网＋”引领智慧城市2.0［J］．中国党政干部论坛，2015（6）：20－23.

② 在表6－2中，智慧产业类标注次数为19，七种类别标注次数总和为206，由此可计算出智慧产业类内容占比为9.22%。

③ 智慧城市发展研究课题组．“十三五”我国智慧城市“转型创新”发展的路径研究［J］．电子政务，2016（3）：2－11.

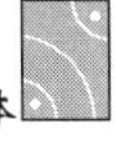

其与发布年份和政策出台单位相对应起来，得到最终的数据库。本书将通过研究样本政策数据库中智慧城市建设内容所在的段、篇、章主题和政策发布单位，从空间维度揭示智慧城市建设客体的分布及其与建设主体的交互关系。

一、河南省智慧城市建设客体的主题分布

表6－3为124个样本中河南省智慧城市建设客体所在段、篇、章主题的提取结果。由表6－3可知：第一，智慧城市建设内容主要分布在“产业发展”“信息化建设”“规范化管理”“体制改革”“纲领规划”和“创新型发展”这六类工作中，其占比合计接近70%，在这些统计排序中也可以看到智慧城市建设的发展大方向，即通过利用先进适用的信息技术，可以更好地提高城市建设与管理的精细化、智慧化水平①；与此同时，通过智慧城市建设还能够促进科技进步、带动产业升级，以此推动经济发展方式的真正转变，两者相辅相成，共同发展。第二，与智慧城市建设客体标记情况类似的是，在环境保护和产教融合两个方面的工作中对智慧城市建设的重视不足，说明生态环境保护工作没有被充分挖掘，各单位在保护生态工作中相对忽视建设智慧城市。

表6－3　河南省智慧城市建设客体的主题分布情况

主题	产业发展	信息化建设	规范化管理	体制改革	纲领规划	创新型发展	城镇规划建设
次数	25	21	15	10	8	7	6
主题	经济发展	基础设施建设	安全监管	医疗服务建设	体系完善	环境保护	产教融合
次数	6	6	5	4	4	4	3

资料来源：笔者自制。

① 逄金玉．“智慧城市”——中国特大城市发展的必然选择［J］．经济与管理研究，2011（12）：74－78.

二、河南省智慧城市客体与建设主体的交互分布

为了探究河南省智慧城市建设主体主要关注智慧城市的哪些方面，本书对16个主要智慧城市建设主体发布的建设内容进行了交互分析，分析结果见表6-4。根据表6-4可知：第一，总体上，河南省主要智慧城市建设主体已经在城市建设的各个方面进行了诸多努力，形成了全面覆盖、重点突出的建设格局。智慧城市展现给我们一个政府运行管理更加高效、城市产业发展更加高端、市民生活品质更加优良的发展蓝图①。第二，河南省人民政府和河南省人民政府办公厅作为全省智慧城市建设的顶层设计主导单位，所制定的相关政策最多、内容最全面，而各职能部门所制定的政策较少，在内容上也主要针对部门管辖事务，这种现象符合公共行政部门的政策制定逻辑。第三，主要建设主体中，只有河南省人民政府和河南省人民政府办公厅在政策中涉及创新类，将创新与智慧城市建设进行融合，结合建设主体的研究结果可知，两者均多次参与智慧城市建设相关政策的联合发文，切实实践了智慧城市创新型建设。第四，智慧产业类在建设客体中所占比例小，且提及这一内容的主体比较分散，这将使得河南省在新型智慧产业发展中缺乏强有力的引导，难以在产业结构调整中发挥应有作用。

表6-4　河南省智慧城市建设客体与建设主体的交互分布

建设主体	综合类	智慧应用类	互联网+类	信息化服务与管理类	专项建设类	智慧产业类	创新类
河南省发展和改革委员会		◆	◆	◆	◆	◆	
河南省教育厅			◆				
河南省旅游局		◆		◆	◆		

① 宁家骏．关于促进中国智慧城市科学发展的刍议［J］．电子政务，2013（2）：65-69.

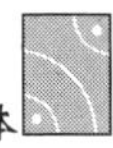

续表

建设主体	综合类	智慧应用类	互联网+类	信息化服务与管理类	专项建设类	智慧产业类	创新类
河南省人民代表大会常务委员会				◆			
河南省人力资源与社会保障厅			◆	◆			
河南省人民政府	◆	◆	◆	◆	◆	◆	◆
河南省人民政府办公厅	◆	◆	◆	◆	◆	◆	◆
河南省商务厅		◆		◆	◆		
河南省委办公厅		◆		◆	◆		
河南省住房和城乡建设厅			◆	◆			
河南省交通运输厅		◆	◆				
河南省卫生和计划生育委员会		◆			◆		
河南省委		◆			◆		
河南省工业和信息化厅		◆		◆		◆	
河南省民政厅		◆					
河南省信息化和信息安全工作领导小组办公室		◆	◆	◆			

资料来源：笔者自制。

第三节　河南省智慧城市建设客体的时间分布

河南省对于智慧城市的建设已经进行了十余年的深度探索，通过法律文献的研究和智慧城市建设各个主体的发文以及具体的工作实践内容可以看出其重点建设内容随着城市科技与信息化的发展在不断变迁，与此同时智慧城市的建设广度和深度在各个时期也不尽相同。那么河南省智慧城市建设内容的整体发展方向与轨迹变化究竟如何？在不同的建设时期，智慧城市的建设客体哪些最受到关注？占据主要内容的智慧城市建设客体在不同时期的表现怎样？不同的建设主体各自对哪些建设方向最感兴趣？本节将从宏观的总体分布和微观的年度重点分布两个角度，归纳总结出智慧城市建设重点的变迁。

一、河南省智慧城市建设客体的总体年度分布

表6－5和图6－2是智慧城市建设客体在样本区间的总体分布情况。

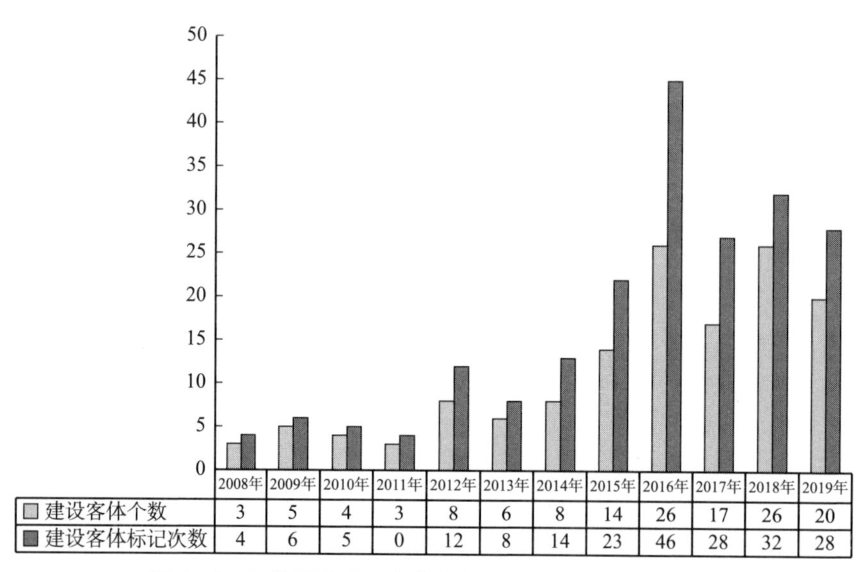

图6－2　智慧城市建设客体个数与标记次数的年度分布

资料来源：笔者自制。

表6－5　　　　智慧城市建设客体的年度标记次数分布

年份	标记次数/次	建设客体年度标记情况明细
2008	4	电子政务2次；信息化建设（综合）1次；网络安全1次
2009	6	信息化建设（综合）2次；智慧城市建设（综合）1次；智慧应用（综合）1次；电子信息产业1次；自主创新1次
2010	5	智慧城市建设（综合）2次；智慧应用（综合）1次；智慧物流1次；物流信息化1次
2011	0	—

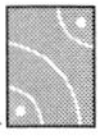

续表

年份	标记次数/次	建设客体年度标记情况明细
2012	12	智慧城市建设（综合）4次；信息化建设（综合）2次；智慧旅游1次；旅游信息化1次；智能终端1次；智慧通信1次；智能产业建设1次；信息网络建设1次
2013	8	智慧城市建设（综合）2次；信息化建设（综合）2次；智慧城市试点1次；数字化城市管理系统1次；信息化产业结构1次；数字化城市建设1次
2014	14	智慧城市建设（综合）5次；智慧应用（综合）2次；信息化建设（综合）2次；智慧旅游1次；旅游移动客户端1次；智能产业建设1次；智能化管理1次；信息化服务1次
2015	23	智慧城市建设（综合）3次；智慧应用（综合）4次；信息化建设（综合）3次；电子政务1次；互联网+1次；智慧旅游1次；大数据2次；智能终端1次；科技创新1次；智慧化应用1次；智慧化管理1次；信息化服务1次；城镇规划建设2次；新型城镇化建设1次
2016	46	智慧城市建设（综合）7次；智慧应用（综合）3次；信息化建设（综合）3次；电子政务1次；互联网+4次；智慧产业2次；智慧城市与数字社会1次；智慧交通2次；互联网+人社1次；智慧物流2次；信息化管理1次；物流信息化1次；医改信息化建设1次；大数据1次；数字化城市管理系统2次；智能终端2次；科技创新1次；互联网+智慧城市1次；互联网+流通1次；信息化服务1次；消防信息化1次；地理信息产业发展1次；数字化城市建设1次；城镇规划建设3次；新型城镇化建设1次；供给侧结构性改革1次
2017	28	智慧城市建设（综合）2次；智慧应用（综合）5次；信息化建设（综合）2次；电子政务3次；智慧交通1次；互联网+政务服务1次；互联网+流通1次；互联网+行政执法1次；智慧物流1次；政务信息系统建设1次；大数据综合试验区1次；新兴产业发展规划1次；交通“一卡通”1次；智慧气象3次；智慧化管理1次；改革创新1次；城市安全建设1次；互联网+商贸1次
2018	32	智慧城市建设（综合）3次；智慧应用（综合）2次；信息化建设（综合）1次；电子政务3次；互联网+1次；智慧航运1次；智慧体育1次；智慧粮食1次；智慧养老1次；智慧供应链体系1次；智慧水利1次；互联网+医疗健康1次；互联网+教育培训1次；工业互联网平台建设1次；口岸物流信息电子化1次；电子证照管理1次；信息消费水平1次；大数据1次；大数据产业发展1次；健康养老1次；政务云管理1次；数字经济1次；数字技术应用1次；智能终端1次；智能产业发展2次；口岸管理智能化1次

续表

年份	标记次数/次	建设客体年度标记情况明细
2019	28	智慧城市建设（综合）4次；智慧应用（综合）3次；信息化建设（综合）1次；智慧农业1次；智慧博物馆1次；互联网+医疗健康1次；电子商务1次；信息化管理1次；行政执法信息化建设1次；食品安全监管信息化建设1次；信息技术发展1次；公共服务信息化1次；大数据产业发展1次；大数据应用2次；特色农业1次；5G网络建设1次；数字黄河金二角1次；数字经济3次；智能装备1次；科技创新1次

资料来源：笔者自制。

从图6-2可以看出，在十二年的建设过程中，2008~2015年建设客体的标注次数整体呈现稳步增长的趋势，到了2016年猛增，其建设客体标记次数达到新高，说明此年度对河南省智慧城市建设尤为关注，且在各个方面都进行了具体的建设。2017~2019年建设情况较为稳定，没有激增或者锐减的现象发生，且相对于前几年建设客体的次数整体偏高，说明河南省智慧城市建设已经发展到了一个相对成熟的阶段，不过仍有大量的进步空间。

从表6-5可以看出，总体上河南省智慧城市建设客体经历了“由少到多”“由浅入深”的变化过程，其建设内容也在不断的扩充。早期出现的建设客体内容较为抽象，表述内容较为单一；近年来，对于相似类型的建设内容，表述更加多样化，且词义区分越发精细，程度逐渐加深。例如，对于信息化类的建设客体，除了主要的“信息化管理”一词外，还有“信息化服务”等指代范围有所区别的词语，还存在“信息技术发展”“信息化产业结构”“地理信息产业发展”等指代内容不同的词语。又如，2017年之后，智慧应用类内容增加了“智慧农业”“智慧航运”“智慧体育”“智慧粮食”“智慧博物馆”“智慧养老”“智慧水利”和“智慧供应链体系”等词语，这反映出河南省对智慧城市建设正在从综合类的信息化、数字化发展逐步趋向于实际应用客体中，河南省正在打造一座面向用户、面向产业升级，把新一代的信息技术充分运用到各行各业中去的人性化城市①。

① 张宁英．开放政府视角下的智慧城市建设［J］．电子政务，2014（10）：109-115.

最早出现的建设客体是河南省智慧城市建设中的“信息化建设（综合）”“电子政务”和“网络安全”（2008 年），三者在以后的建设过程中也是被各个建设主体所重点关注的内容，贯穿了整个智慧城市建设历程。而智慧城市建设中“智慧农业”“智慧博物馆”“智能装备”“食品安全监管信息化建设”“特色农业”“5G 网络建设”“数字黄河金三角”和“行政执法信息化建设”出现的最晚（2019 年），说明智慧化城市建设在不断的发展与进步，部分日常化应用在逐渐地被高科技所覆盖，但是目前智慧城市建设机制仍处于发展阶段，尚未完全成熟。

标记次数最多的五个客体——“智慧城市建设（综合）”“信息化建设（综合）”“智慧应用（综合）”“电子政务”和“互联网 +”，其在样本区间里也发生着不尽相同的变化趋势。“信息化建设（综合）”和“电子政务”被首度提出来，但是“智慧城市建设（综合）”和“智慧应用（综合）”在 2009 年及以后却被更为广泛地关注和应用。在 2015 年及以后，标记次数最多的五个客体呈现出来相似的变化趋势，除了个别年份中“电子政务”和“互联网 +”未被提及，标记次数最多的其余客体在后续五年都被当作了建设智慧城市的主要关注对象，其中“智慧城市建设（综合）”在 2016 年尤为突出，标记次数相对于相邻的两年呈现出了翻倍增长。

二、河南省智慧城市建设客体的年度重点分布

为了更清晰地体现出智慧城市建设问题的重点和走向，本小节将样本区间各个年份标记次数最多的前五个智慧城市建设客体分别归纳汇总，具体结果如表 6 – 6 所示。

表 6 – 6　2008 ~ 2019 年最受关注的智慧城市建设客体的年度分布

客体	客体 1（频数）	客体 2（频数）	客体 3（频数）	客体 4（频数）	客体 5（频数）
2008 年	电子政务（2）	信息化建设（综合）（1）	网络安全（1）		

续表

客体	客体1（频数）	客体2（频数）	客体3（频数）	客体4（频数）	客体5（频数）
2009年	信息化建设（综合）（2）	智慧城市建设（综合）（1）	智慧应用（综合）（1）	电子信息产业（1）	自主创新（1）
2010年	智慧城市建设（综合）（2）	智慧应用（综合）（1）	智慧物流（1）	物流信息化（1）	
2011年	智慧应用（综合）（2）	智慧城市建设（综合）（1）	互联网+商贸（1）		
2012年	智慧城市建设（综合）（4）	信息化建设（综合）（2）	信息网络建设（1）	智能终端（1）	智能产业建设（1）
2013年	智慧城市建设（综合）（2）	信息化建设（综合）（2）	智慧城市试点（1）	数字化城市管理系统（1）	信息化产业结构（1）
2014年	智慧城市建设（综合）（5）	智慧应用（综合）（2）	信息化建设（综合）（2）	智能化管理（1）	智能产业建设（1）
2015年	智慧城市建设（综合）（3）	信息化建设（综合）（3）	智慧应用（综合）（4）	大数据（2）	城镇规划建设（2）
2016年	智慧城市建设（综合）（7）	互联网+（4）	信息化建设（综合）（3）	城镇规划建设（3）	智慧应用（综合）（3）
2017年	智慧应用（综合）（5）	电子政务（3）	智慧气象（3）	智慧城市建设（综合）（2）	信息化建设（综合）（2）
2018年	电子政务（3）	智慧城市建设（综合）（3）	智慧应用（综合）（2）	智能产业发展（2）	信息化建设（综合）（1）
2019年	智慧城市建设（综合）（4）	智慧应用（综合）（3）	数字经济（3）	大数据应用（2）	信息化建设（综合）（1）

注：（1）2012年（除2009年）之前智慧城市建设尚未被广泛应用，相应出台政策较少，因而客体数不足5个。（2）样本区间有部分年份出现了多个建设客体标记次数并列的情况，由于表格所限，不能在表中全部呈现。

资料来源：笔者自制。

由表6－6可知：第一，从2008年的客体呈现可知，智慧城市的建设是从电子政务方面入手的，体现在信息化建设和网络安全建设方面。因为智慧城市是新一轮信息技术变革和知识经济进一步发展的产物，其数据整合和运行都是以信息通信技术为基础①。由此可知，信息化在智慧城市建设中是一个至关重要的存在。第二，以2012年为一个明显分界线，2012年之前智慧城市建设整体发展体系尚未形成，属于建设初阶段；2012年之后（包括2012年）智慧城市建设逐步走向成熟，建设个体呈现多样化和全面化。第三，在客体年度分布中，客体标记数最多的年份为2016年，标记次数为19个。第四，排序出现在前五位年份最多的建设客体是"智慧城市建设（综合）"（11年），其在2008年之后每年都出现在主要建设内容之列；其次为"信息化建设（综合）"和"智慧应用（综合）"分别在客体年度分布表中出现了10年和9年。

第四节 本章小结

本章在完整获取和准确区分的前提下，对样本中智慧城市建设客体的关联主题词进行提取和分析，从统计描述、空间分布、时间分布三个方面开展频数统计和定量分析。研究发现，河南省智慧城市建设客体呈现出覆盖广泛、层次分明的特征；推进主体呈现出分工明确、重点突出的特征；时间分布呈现出由浅入深、循序渐进的特征，具体描述如下。

第一，河南省智慧城市建设客体呈现出覆盖广泛、层次分明的特征。河南省智慧城市建设主要涉及124个客体，其中，涉及智慧城市建设多个方面的"综合类"较多，表明智慧城市建设客体覆盖较为全面广泛。同时，建设客体可进一步划分为"信息化服务与管理类""智慧应用类""互联网＋类"等7个大类，可看出河南省以信息化建设为基础、智慧应用为核心、"互联网＋"为关键手段促进智慧城市建设发展。

---

① 王广斌，张雷，刘洪磊. 国内外智慧城市理论研究与实践思考［J］. 科技进步与对策，2013，30（19）：153－160.

第二，河南省智慧城市建设推进主体呈现出分工明确、重点突出的特征。河南省智慧城市建设推进主体中河南省人民政府及办公厅、发改委发挥引领指导作用，全面推进智慧城市建设，其他部门针对所辖领域积极推进智慧应用专项建设，主要包括交通物流、教育、医疗等方面，可见河南省智慧城市建设推进过程中，各主体定位清晰、目标明确。然而，河南省智慧城市建设仍存在一些领域需重点关注，如智慧农业、智慧环保、制造业转型升级等。

第三，河南省智慧城市建设客体在时间上呈现出由浅入深、循序渐进的特征。河南省智慧城市建设客体随着时间推移总体上表现为先逐步增加后稳步发展的特征，最初的建设客体内容较为抽象概括，由“综合类”，如信息化建设（综合）、智慧城市建设（综合）等，逐渐深入各个细分领域，如“智慧交通”“智慧物流”等，而后整合推进智慧城市全面建设，如“智慧应用（综合）”。其中，需要特别指出的是“电子政务”“数字化城市管理系统”“政务信息系统建设”等贯穿河南省智慧城市建设的全过程，可见“智慧政务”是河南省智慧城市建设过程中的重中之重。

第七章

河南省智慧城市建设政策工具分析

政策由理念变为现实必须依靠各种政策工具，政策是政府通过对各种政策工具的设计、组织搭配及运用而形成的[①]，以基本政策工具为视角分析政策文本内容有助于理解政策采取何种手段与措施来达到政策目标。本章基于政策工具视角，从智慧城市建设发展的投入—产出逻辑过程入手，构建了智慧城市建设政策三维分析框架，并以河南省及其直属部门2008～2019年颁布的现行智慧城市建设政策为研究对象，探究其作用方式、作用对象和作用领域，为优化现行智慧城市政策体系、推进智慧城市建设提供理论和现实参考。

第一节　智慧城市建设的投入—产出模式

信息技术随着时代的发展发生了迅猛的变化。IBM公司在2010年就提出了智慧城市的概念，然后世界范围内的学者开启了关于城市发展的新一轮讨论。许庆瑞等学者提出了智慧城市的愿景，即实现经济、社会和生态的可持续发展，战略目标是提升人民的城市物质生活质量以及精神生活质量，进而使全民的安全感和幸福感得以提升[②]。联合国人居组织于1996年在《伊斯坦布尔宣言》中指出，生产系统是将输入转换为期望输出的过程。人类社会可

① Kieron Flanagan, Elvira Uyarra, Manuel Laranja. Reconceptualising the "policy mix" for innovation [J]. Research Policy, 2011, 40 (5): 702－713.

② 许庆瑞，吴志岩，陈力田．智慧城市的愿景与架构［J］．管理工程学报，2012，26（4）：1－7.

以看作是一个由不同的生产和消费部门组成的完整系统，但又相互联系在一起。各部门的健康运行需要其他单位部门提供的产品，这些产品是作为输入创造的，本部门生产的产品可以作为其他部门所需的投入或消耗品。所以，从生产系统的角度来看，建设和发展智慧城市的重点在于引进某些生产要素，并将其转化为能够满足智慧城市愿景的要素，进而实现智慧城市战略目标。

生产要素理论指出，生产是组织通过生产要素的投入和生产的转化而获得预期生产的过程。英国经济学家配第在其相关著作中最早提及了生产要素理论，他提出劳动和土地是两个生产要素。在配第之后，古典经济学之父亚当·斯密在其著作《国富论》中提出了“生产要素三元论”即将劳动、资本和土地归结为生产的三个要素。19 世纪末到 20 世纪初，英国经济学家阿尔弗雷德·马歇尔在其著作《经济学原理》中提出了“生产要素四元论”即将土地、劳动、资本和组织作为生产的四个要素。后来的经济学家根据前人的研究概括总结出了包含自然、技术、信息等不同要素的“生产五要素论”“生产六要素论”等。然而，无论要素的类别如何变化，生产要素理论如何发展，其中都包括了四种基本生产要素：人力、物力、财力和土地。但是现有的智慧城市发展规划主要是以原有城市为基础，其中很少需要重新进行重大土地的开发改造，因此跟其他重要的生产要素相比，土地资源并不是智慧城市的主要要素。总之，在智慧城市建设中，人力、财力、物力作为主要的生产投入要素具有一些一般表现，即拥有高新技术能力的人力资源、建设智慧城市所需要的政府财政投资及社会投资以及使信息传播更加迅速的基础设施。

在生产系统中，生产要素转化成为预期的生产收益。在建设智慧城市的过程中，投入—产出模型反映了智慧城市建设的路径，即基于人力资源、资金投入以及基础设施，建设对自然环境、公众生活等方面产生重大影响的各种应用平台①，以经济高效地满足人民群众的物质需求和精神需求为最终战略目标②。因此，智慧城市的产出结果是智慧的社会经济、智慧的政府治理、智慧的居民生活及人文素养等，这同样也是智慧城市建设的重要组成部分。

---

① Alawadhi S. et al. Building Understanding of Smart City Initiatives [J]. EGOV, 2012 (5): 40 -53.

② Cimmino A. et al. The role of small cell technology in future Smart Cityapplications [J]. Transaction on Emerging Telecommunications Technologies, 2013, 11 (20): 11 -20.

其中，智慧的社会经济使企业、人才和普通市民互动，这种相互交织的网络创造了知识经济，从而实现经济的可持续发展①；智慧的政府治理意味着跨部门、跨社区合作，管理过程更加透明，管理行为更加有效和负责，公众参与度更高②；智慧的居民生活是指使城市服务信息化更加完善，使公共安全、健康和教育等城市组织系统更加优化，使城市的各个功能彼此协调运作，为市民提供更高的生活品质；智慧的人文素养作为更深层次的产出成果则是指以智慧城市建设为基础的城市更新运动离不开整个文化的重建再造③，它对居住在城市中的市民产生了重要的影响，提高了市民和整个社会的人文素养。

总之，通过对智慧城市建设的关键投入—产出要素的分析可以清楚地看到智慧城市建设和发展的逻辑结构，即结合运用高新信息技术，通过投入人力资源、金融资本和基础设施，将生产转化为智慧的政府管理与服务、社会经济发展，随时随地地为民众提供便捷的服务，最终提升全社会的人文素养，从而实现智慧城市的战略目标。这就形成了建设智慧城市的投入—产出模型，如图 7 –1 所示。

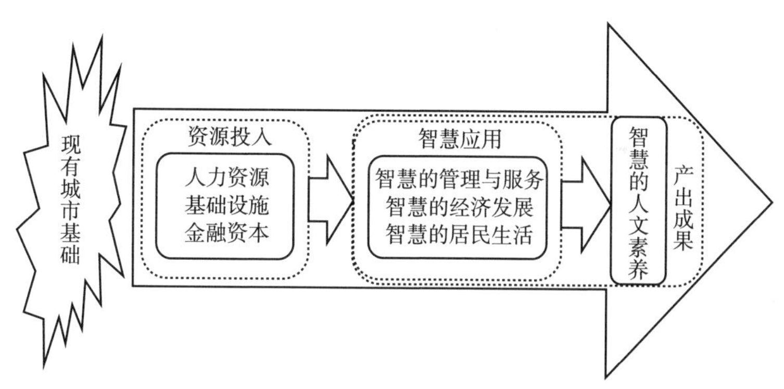

图 7 –1 智慧城市投入—产出模型

资料来源：杨凯瑞，张毅，张鹏飞．基于投入产出视角的智慧城市评价研究［J］．电子政务，2015（12）：47 –54.

① Bakici T. et al. A Smart City Initiative：the Case of Barcelona［J］. J Knowl Econ，2013（4）：135 –147.

② Nam T，Pardo T. A. Conceptualizing Smart City with Dimensions of Technology，People，and Institutions［C］. Proceedings of the 12th Annual International Digital Government Research Conference：Digital Government Innovation in Challenging Times，2021：282 –291.

③ Leydesdorff L，Deakin M. The Triple – Helix Model of Smart Cities：A Neo – Evolutionary Perspective［J］. Journal of Urban Technology，2011，18（2）：53 –63.

第二节　智慧城市建设三维分析框架

政策工具作为政策研究的一种有效途径，是政策分析过程中在工具层面的发展和深化[①]。但仅用政策工具进行研究，只能反映政策发挥作用的手段，并不能显示政策的作用对象和目的[②]。因此，为了全面探究河南省人民政府在智慧城市活动中制定的公共政策主要针对哪些对象，运用哪些手段来促进其进行智慧城市建设，其背后又隐含了哪些目的，本小节在剖析智慧城市建设发展的基本逻辑基础上，建立了以基本政策工具为主线，以智慧城市发展逻辑和建设主体为辅线的有关智慧城市建设的政策文本的三维分析框架，从多维角度分析智慧城市建设政策文本，深层次把握智慧城市建设政策工具运用特点和政策发展趋势。

一、X 维度：基本政策工具

政策工具是由政府掌握、运用，为达成政策目标而采用的手段和措施[③]。不同类型的政策工具能够形成不同的实践活动，继而产生不同的政策效果[④]。在对政策工具的分类方面，国内外的学者根据不同的标准划分了多种类型的政策工具。根据政策目标不同，麦克唐奈和埃尔默尔（1978）将政策工具分为命令、激励、能力建设和制度变迁工具[⑤]；施耐德和英格

---

① 黄萃，苏竣，施丽萍，等．政策工具视角的中国风能政策文本量化研究［J］．科学学研究，2011：876－889.

② 谢青，田志龙．创新政策如何推动我国新能源汽车产业的发展——基于政策工具与创新价值链的政策文本分析［J］．科学学与科学技术管理，2015，36（6）：3－14.

③ 李承宏，李澍．我国高新技术产业政策演进特征及问题——政策目标、政策工具和政策效力维度［J］．科学管理研究，2017：27－32.

④ 黄萃，苏竣，施丽萍，等．中国高新技术产业税收优惠政策文本量化研究［J］．科研管理，2011（10）：46－54，96.

⑤ Mcdonnell L，Elmore R. Getting the Job done：Alternative policy instruments［J］. Educational Evaluation and Policy Analysis，1987，9（2）：133－152.

拉姆（1990）也提出了类似的分类，包括权威、激励、能力提高、象征与劝告和学习五类工具类型①，这两种分类方式常见于教育政策研究中。根据政策工具产生的作用和影响不同，罗思韦尔和泽赫费尔德（1985）提出供给面、需求面和环境面工具，这种分类方式广泛应用于科技、产业和社会政策的分析中。根据政府的强制性程度不同，豪利特和拉米什（1995）将政策工具分为自愿性、强制性和混合性工具②，这种分类方法具有较强的包容性，适用于医疗、养老、公共产品和服务等政府主导性较强的政策领域。

以一定的标准和目标为依据，对政策工具类型做出合理划分，是研究政策工具、分析政策目标的前提和基础。通过对现有研究的梳理，根据罗思韦尔和泽赫费尔德对政策工具的分类和其他学者的相关研究，结合当前河南省智慧城市建设政策的主题，将基本政策工具分为三大类、十五小类，并以此作为分析智慧城市建设政策文本的 X 维度，具体如表 7 - 1 所示。其中，供给型政策工具主要是指政府通过提供人力资源、资金等相关要素直接推动智慧城市的建设、发展，具体可分为科技与信息支持、基础设施建设、资金投入、人才培养、公共服务、组织领导等；需求型政策工具主要是指政府对智慧城市建设的持续关注与支持，并通过和国际展开合作交流以及进行贸易管制等措施来实现智慧城市的发展，具体可分为政府采购、贸易管制、服务外包、海外交流等；环境型政策工具是指通过改善智慧城市发展环境进而间接地推进智慧城市建设的政策，具体可分为目标规划、金融支持、法律管制、税收优惠以及策略型措施等。供给型和需求型政策工具分别对智慧城市建设活动具有推动和拉动作用，而环境型政策工具是通过提供良好的环境从而发挥间接作用。

① Schneider A, Ingram H. Behavioral assumptions of policy tools [J]. The Journal of Politics, 1990, 52 (2): 510 - 529.

② 迈克尔·豪利特, M. 拉米什. 公共政策研究——政策循环与政策子系统 [M]. 庞诗, 等译. 生活·读书·新知三联书店, 2006: 144.

表7-1　　基本政策工具分类

类型	基本政策工具细分
供给型政策工具 X1	科技与信息支持 X1-1
	基础设施建设 X1-2
	资金投入 X1-3
	人才培养 X1-4
	公共服务 X1-5
	组织领导 X1-6
环境型政策工具 X2	目标规划 X2-1
	法律管制 X2-2
	金融支持 X2-3
	税收优惠 X2-4
	策略型措施 X2-5
需求型政策工具 X3	政府采购 X3-1
	服务外包 X3-2
	贸易管制 X3-3
	海外交流 X3-4

资料来源：Rothwell R，Zegveld W. Reindusdalization and technology [M]. London：Logman Group Limited，1985：83-104.

二、Y维度：智慧城市发展逻辑

以上关于X维度的分析，属于基本政策工具维度的划分，具有普遍适用性，但基本政策工具的使用只能显示出政策采用何种手段发挥影响，分析并不全面[①]。而智慧城市建设政策有其自身特点和基本规律，智慧城市发展也有其基本逻辑，这些因素决定了在对智慧城市建设政策进行分析的时候不能仅依靠基本政策工具，还要结合这些特点、规律和基本逻辑，有针

① 马江娜，李华，王方．陕西省科技成果转化政策文本分析——基于政策工具与创新价值链双重视角［J］．中国科技论坛，2017：103-111.

对性地深入剖析。

智慧城市是一种新理念和新模式，它运用物联网、云计算、大数据、空间地理信息集成等新一代信息技术，促进城市建设和管理等各方面的智慧化。建设智慧城市对加快工业化、信息化、城镇化、农业现代化融合，提升城市可持续发展能力具有重要意义，自然也就成为了智慧城市政策制定和实施的主要目标和重要内容之一。前文总结分析了现有理论研究进而剖析了智慧城市建设发展的基本逻辑，即智慧城市投入—产出模型，发现其过程包括了“资源投入”“智慧应用”“智慧人文素养”三个阶段。因此，可以将智慧城市发展进程中的这三个阶段作为衡量智慧城市建设政策的基本类型维度，即智慧城市建设政策分析框架的Y维度。

三、Z维度：智慧城市建设主体

在智慧城市建设中，智慧城市建设政策通过多种方法和措施，鼓励并支持多元主体参与到智慧城市建设活动中去。在划分智慧城市建设活动主体时，不同时期具有不同标准。在智慧城市建设初期，政府主导多种形式的建设，开展便民服务、城市数据服务、云平台建设，社会企业逐渐成为建设运营的主体。但是在新阶段的智慧城市建设中应促进企业、科研机构和社会公众等参与智慧城市建设运营，政府则是通过政策法规、总体规划和市场监督在公共服务和基础设施、服务质量、资本、运营效率等方面发挥引导和监督作用，以缓解压力，同时激发市场活力、满足公众的需求。联合国开发计划署在2017年发布的《智慧城市于社会治理：参与式制定指南》（以下简称《指南》）与国家发展和改革委员会于2014发布的《国家新型城镇化规划（2014—2020年）》（以下简称《规划》）中均对智慧城市建设主体有相关论述，《指南》明确指出智慧城市建设要让城市居民参与进去，提高公众参与度，确保所有公民在城市发展和治理中都具有发言权；《规划》明确指出“发挥政府主导作用，鼓励和支持社会各方面参与，实现政府治理和社会自我调节、居民自治良性互动”；在增强城市创新能力方面，“强化企业在技术创新中的主体地位，发挥大型企业创新骨干作用，……

推动高等学校提高创新人才培养能力，……引导部分地方本科高等学校转型发展为应用技术类型高校”；在规划实施方面，“合理确定中央与地方分工，建立健全城镇化工作协调机制”。因此，有学者根据建设主体在进行智慧城市建设活动时所采取的形式分类，将其分为个体主体、群体主体和政府主体。

智慧城市建设政策通过规范、影响、干预和引导各建设主体在智慧城市建设活动中的活动方式、发展方向和工作进程，从而实现智慧城市发展的目标。因此，智慧城市政策的重要作用对象是智慧城市建设主体，建设主体也是政策制定和政策分析过程中需要考虑的因素。在借鉴前人的研究基础上，结合《指南》《规划》等相关政策文件，可以从微观、中观、宏观三个层次将智慧城市建设主体分为个人、社会组织和政府，并作为智慧城市建设政策分析框架的Z维度。个人是指各类型的城市居民，智慧城市建设政策通过对人员管理制度、人才培养、奖项奖金评定等制度做出规范，从而影响社会民众日常行为活动，鼓励城市居民积极投身于智慧城市建设活动中。社会组织主要包括企业、高校以及科研机构等主体，智慧城市建设政策通过对市场上人才、资本、信息、技术的投入做出规定，推动其自由流动，使得各方建设主体能够调动一切社会资源突破障碍、协同创新，积极促进信息化的建设和智慧化的应用，进而逐渐建成数字化城市、智慧化城市。政府在智慧城市建设活动中，主要通过制定各种相关政策，发挥宏观调控的指导作用，借助目标规划、法律法规等手段规范智慧城市建设活动行为，营造推动智慧城市发展的良好氛围。

综上所述，通过智慧城市发展理念的指导，再结合智慧城市建设发展的基本逻辑、政策工具的基本理论以及智慧城市建设主体的分类，可以建立起智慧城市建设政策三维分析框架，如图7-2所示。其中X轴为基本政策工具，包括供给型、需求型、环境型；Y轴为智慧城市发展进程，包括资源投入、智慧应用、智慧人文素养；Z维度为科技创新主体，包括个人、社会组织、政府。

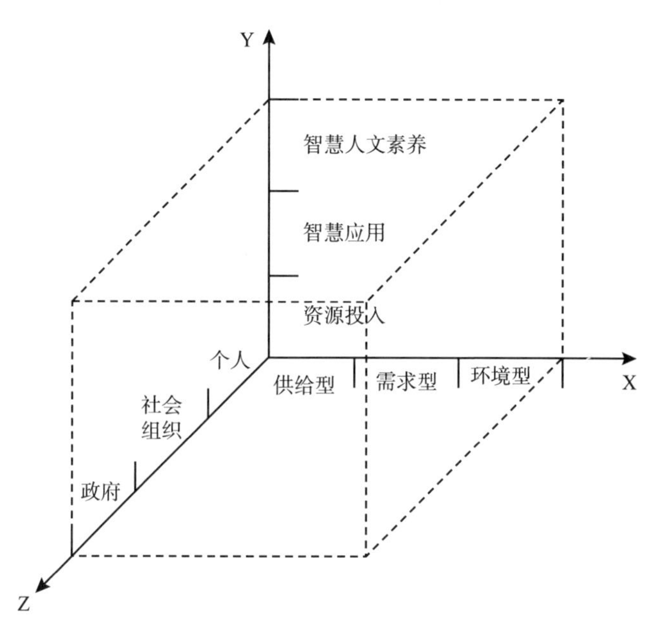

图 7 - 2　智慧城市建设政策三维分析框架

资料来源：黄萃，苏竣，施丽萍，等．政策工具视角的中国风能政策文本量化研究［J］．科学学研究，2011，29（6）：876 - 882，889.

第三节　智慧城市建设文本的三维分析

一、基本政策工具维度（X 维度）

政策工具的使用能够促进政策理想转化为政策现实，不同的政策组合将会产生不同的政策效果。通过对基本政策工具（X 维度）使用情况的统计，列出了现行智慧城市建设政策的主要政策工具，如表 7 - 2 所示。由表 7 - 2 可知，三种政策工具的使用次数存在较大差异，供给型政策工具是最常用的，覆盖率超过一半，其次是环境型政策工具，而基于需求的政策工具使用很少。

表 7-2 河南省智慧城市建设基本政策工具使用情况

类型	政策工具细分	次数（次）	小类占比	合计（次）	大类占比
供给型	科技与信息支持 X1-1	231	20.63%	755	67.41%
	基础设施建设 X1-2	190	16.96%		
	资金投入 X1-3	86	7.68%		
	人才培养 X1-4	77	6.88%		
	公共服务 X1-5	112	10.00%		
	组织领导 X1-6	59	5.27%		
环境型	目标规划 X2-1	21	1.88%	285	25.45%
	法律管制 X2-2	28	2.50%		
	金融支持 X2-3	58	5.18%		
	税收优惠 X2-4	24	2.14%		
	策略型措施 X2-5	154	13.75%		
需求型	政府采购 X3-1	8	0.71%	80	7.14%
	服务外包 X3-2	13	1.16%		
	贸易管制 X3-3	24	2.14%		
	海外交流 X3-4	35	3.13%		
合计		1120		1120	100.00%

资料来源：笔者自制。

通过细分统计政策条款可以发现，以供给为导向的政策工具使用次数频繁，其中“基础设施建设”和“科技与信息支持”使用次数最多，其次是“公共服务”，而“资金投入”“人才培养”和“组织领导”使用次数相对较少。通过具体政策文本内容可以发现，“科技与信息支持”主要是对基础技术、共性技术、标准、技术协议等与智慧城市建设相关的技术及产品以及信息网络平台和中心信息数据资源等支撑体系进行研发和建设；“基础设施建设”则通过完善消防、交通道路基础设施以及网络基础设施等来直接促进城市发展，满足智慧城市建设的基本要求；“公共服务”主要是指政府为智慧型城市发展提供相应的公共服务，包括制定相关政策制度、明确部门职责任务等，以促进智慧城市建设有条不紊、井然有序。这些政策工具的使用体现了河南省人民政府在智慧城市建设过程中对新一代信息技术、信息网络平台以及基础设施的高度重视，且积极提供相应的公共服务，但对于智慧城市发展所需要的人力资源的培养、财政资金的投入以及为智慧城市提供规划和理论支持而成立领导小组、专家咨询委员会等领域的重视程度仍需要提高。

统计数据还显示，环境型政策工具使用率较低，需求型政策工具的使用情况很少。在以环境为导向的政策工具中，“策略型措施”和“金融支持”工具使用次数最多，其次是“法律管制”“目标规划”“税收优惠”。通过政策文本内容可以发现，河南省人民政府在智慧城市发展过程中非常注重通过“一揽子”温和有效的措施来鼓励企业建立研发中心，加强高新技术的创新研发，同时推行一系列融资支持、贷款支持，或者拓宽融资渠道以促进智慧型城市发展，并且还通过开展减税、免税等税收优惠活动、制定相关法律法规以及合理规划发展目标等方式，来营造智慧城市发展的良好环境氛围。然而，以需求为导向的政策工具类型只有四种，并且使用次数整体较少，其中“贸易管制”和“海外交流”的使用在需求型政策工具中占绝大部分，但在所有政策工具中仍占很少一部分。因此，需求型政策工具的使用是非常稀缺的，这也使得对科技机构创新的拉动不明显。

通过统计分析政策工具的使用情况，可以得出以下结论：第一，河南省目前可利用的智慧城市建设政策工具种类丰富多样，涵盖了供给、环境和需求各个层面，且倾向性较强，即更偏向于供给型政策工具和环境型政策工具，这对满足智慧城市发展要素供给、优化智慧城市建设生态环境具有积极作用。而环境型政策工具的多样化使用既反映了智慧城市建设需要构建良好的政策环境作为保障①，如强化法律管制、提供相应的金融支持和税收优惠等，也是对“以城乡一体、人与自然一体的‘绿色协调’发展为智慧城市的长远目标”的重要体现，这符合河南省促进智慧城市发展的根本要求。

第二，供给型政策工具的使用保障了科技、信息、基础设施的有效供给，又注重高新技术研发建设和信息网络平台提供的直接作用的发挥，还注重用人才培养、资金投入、组织领导等方式来满足要素供给，是河南省制度优势的重要体现。供给型政策工具的直接推动更适用于硬件基础较为薄弱且建设

① 赵大鹏. 中国智慧城市建设问题研究［D］. 长春：吉林大学，2013.

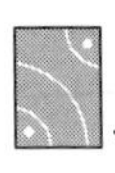

需求规模大的智慧城市探索初期，而环境型和需求型政策工具则通过更多的参与主体来影响或改变市场等外部环境进而作用于政策对象，在较为成熟的智慧城市体系中占据主导地位。因此随着智慧城市建设进程的逐步推进，加强环境型和需求型政策工具的使用应成为智慧城市建设政策的改进方向。

第三，需求型政策工具的使用次数很少，并且存在着两极分化。使用需求型政策工具的目的是引导各城市建设主体积极投入到智慧城市建设中，降低城市建设成本，同时借助国际合作促进海内外智慧城市建设经验的交流以及优质人才的引进。但此类工具在具体使用过程中的整体使用次数偏少，从而限制了政策作用力度，而且政策虽然强调了海外的交流互动和贸易的管制，但忽视了"政府购买"和"服务外包"，这将削弱政府与企业之间的合作，限制政府牵引作用力的发挥。

二、智慧城市发展逻辑维度（Y 维度）

不同的政策作用于智慧城市的不同发展阶段，进而对智慧城市发展产生不同的效果和影响。通过对智慧城市建设政策内容的解构，根据智慧城市发展逻辑（Y 维度）的类目进行统计分析，得出了样本中对智慧城市建设不同发展阶段的作用政策条款数量和占比分布情况，如图 7－3 所示。

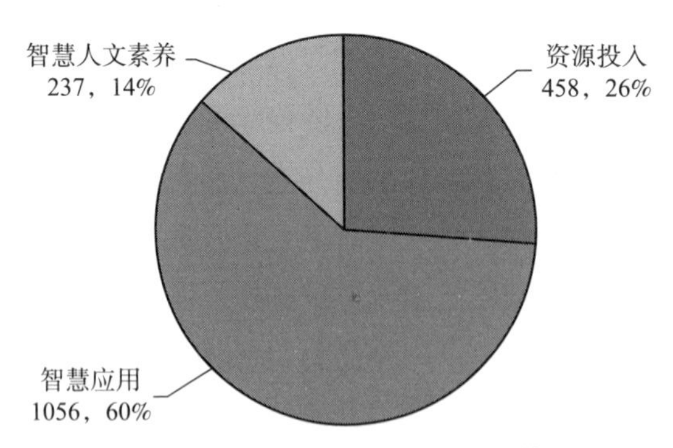

图 7－3　智慧城市建设发展进程政策分析

注：图中 458、1056、237 分别代表样本中对智慧城市建设三个阶段的作用政策条款数量；26%、60%、14% 分别代表智慧城市建设三个阶段的作用政策条款数量占政策条款总数的比重。

资料来源：笔者自制。

由图7－3可知，目前智慧城市建设政策更注重智慧应用，资源投入与智慧人文素养相对较少。究其原因，主要是从未来智慧城市的发展来看，智慧化应用会成为智慧城市发展的主流，而建设新型智慧城市是解决或缓解各种“城市病”的重要举措①，它可以促进城市治理能力现代化、促进城市的可持续发展。改革开放以来，河南省正经历着从农村、农业社会向城市、工业社会的重大转变，各种“城市病”（例如城市基础设施供应水平不足、城市政府治理模式滞后等）也逐渐成为城市建设发展中面临的巨大难题以及必须跨越的障碍。因此，推进各个领域智慧化应用，缓解或解决在城市化进程中涌现的大量城市问题一直是智慧城市建设工作的主攻方向，自智慧城市理念被提出以来，河南省就在不断开展信息化建设，完善智慧应用的政策环境。从时间变化来看，在大部分年份中关于智慧应用的政策条款数均高于另外两类，并在2012年后进一步拉大差距，这也是河南省加快推进产业结构调整、促进城市可持续发展的必然要求和逐步重视城市治理体系建设、积极响应国家号召的必然趋势。

但是，智慧人文素养作为智慧城市建设发展的最终目标，却未能得到足够的重视，这是现行智慧城市建设政策存在的突出问题，在现实中就会表现为对全社会人文素养的建设性不强，促进人文素养发展的社会环境不佳。上海交通大学城市科学研究院院长刘士林在接受中国经济导报记者采访时曾表示，目前我国城市建设的基本情况是，以科技型智慧城市为主流，高度重视管理型智慧城市，而人文型智慧城市才刚刚提出。但是建设智慧城市不仅是技术问题，更要注重在顶层设计中强调人文建设。智慧城市建设的最高目标不仅是物质和技术的进步、制度和秩序的完善，更是人们的幸福和梦想。以人文智慧引领智慧城市建设，是推进其健康发展的关键。

经对政策条款细分统计，并结合政策文本内容可以得出三点结论：第一，现行智慧城市建设政策文本涵盖了智慧城市发展进程的三个阶段，尤其注重智慧应用阶段，这一方面符合河南省迫切想缓解或解决各类城市问题的需要，

① 李德仁，邵振峰．论物理城市、数字城市和智慧城市［J］．地理空间信息，2018（9）：1－10.

和在如今的发展中更加注重城市可持续发展、治理能力提高的要求；另一方面从政策细分内容重点关注电子政务、新兴产业、智慧交通、教育医疗等活动，表现出政府正加快推进智慧化政府管理与服务、产业结构调整、智慧居民生活的进程，促进各个领域智慧化应用项目与政府管理、社会生活、企业生产的融合渗透，以实现经济持续健康发展和城市居民生活更加便捷、幸福。

第二，在资源投入阶段，政策重点关注高新技术人才的培养、基础设施的建设和社会资本的投入，一方面，虽然高新信息技术被认为是智慧城市建设的最重要因素，但智慧城市建设中的人才的主观能动性的发挥对于技术的应用和城市的发展是至关重要的；另一方面，重视基础设施的建设、社会资本的投入对于提供坚实的物质基础和技术储备、实现更透彻的感知和更全面的互联互通具有重要意义，也反映出河南省正逐步加大智慧城市建设相关资源的投入。

第三，在智慧人文素养阶段，政策重点在信息化知识的普及和文化产业建设上，一方面注重各个阶层民众信息化知识的获取，增加居民对各种高新技术的理解与应用，是智慧城市建设“以人为本”的重要体现，也是增加公民参与度、提高公民幸福感的必然要求；另一方面重视文化产业的建设对于在城市发展演变过程中形成有地域特色的民俗文化，积累宝贵的人类文化财富，传承与发扬文化具有重要意义。

三、智慧城市建设主体维度（Z 维度）

智慧城市建设活动的实现依赖于多元主体的协调合作。通过对智慧城市建设主体（Z 维度）类目的细分统计，梳理出智慧城市建设政策文本中对于不同主体的政策条款数量和占比情况，如图 7－4 所示。可以发现，现行政策作用范围广泛，其中针对政府的条款最多，约占总数的一半，其次是各类社会组织，针对个人的政策条款最少。

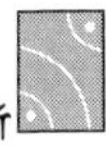

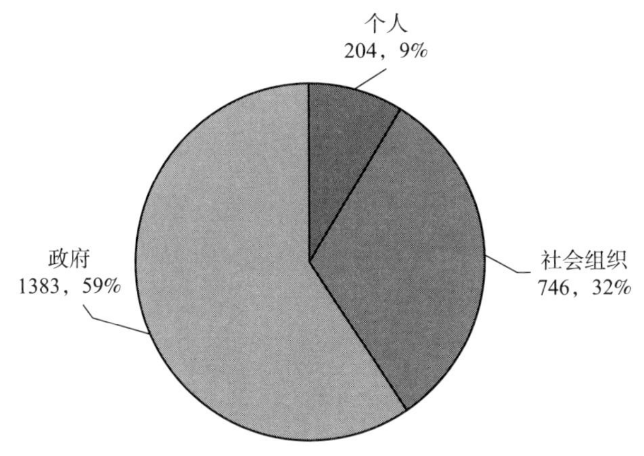

图7－4　智慧城市建设主体政策分析

注：图7.4中204、746、1383分别代表样本中对于三类智慧城市建设主体的政策条款数量；9%、32%、59%分别代表三类智慧城市建设主体政策条款数量占政策条款总数的比重。

资料来源：笔者自制。

统计结果明确显示出智慧城市建设政策注重发挥政府部门对建设智慧城市活动的引导和支持职能，在对各类社会组织的规定中多涉及企业、高等院校及科研机构作为智慧城市建设主体的作用发挥，而涉及个人尤其是基层建设人员的条款较少。造成这种现象的原因是多方面的：首先，智慧城市建设的特点是投资多、周期长、收益慢，所以几乎没有一个单一主体能够独立开展相关的工作并承担起相关的责任，而政府可以通过引领宏观规划、搭建公共服务平台、监督城市运行机制、推动基础设施建设、加大资金投入、完善各方面激励措施等方式，有效优化智慧城市建设环境，同时激发市场活力、满足公众需求，调动各建设主体积极性，发挥重要导向作用，所以受到政策的重点关注。其次，当前我国智慧城市建设体系正逐步向“政府引导、市场主导、企业广泛共同参与”的模式转变，提出市场是优化智慧城市建设资源配置的重要手段，而企业既是市场活动的基础交易单位，也是项目实施、技术创新、提供产品及解决方案的关键主体，能够有效将技术应用成果转化为经济和社会效益，将城市建设项目规划落实；而高校、科研机构作为我国新型信息技术的基础场所，是孕育高新技术人才的基地，也是承担着智慧政务、大数据中心、基础地理空间系统等一系列重大智慧城市建设项目的重要主体，因此受到政策的较多关注。

但是，对个人尤其是基层建设人员的扶持政策较少，主要是受限于智慧城市政策体系的发展历程较短，智慧城市建设偏向信息化，对基层人员的认识有待提高等原因。具体而言，一是建设“智慧城市”的愿景在2010年才正式提出，相关建设人才政策体系自此才逐步建立，总体上人才保障制度和市场导向性仍相对缺乏；二是智慧城市的建设需要依靠移动互联网、物联网、云计算等新一代高新技术产业，这需要大批高层次科技研发人才和技术领军人才，而基层建设的个体所从事的大多数城市建设工作技术含量较低且人员所具备的知识技能水平有限，被长期定位于“下层、缺乏技术”的层面，也因此被社会各方面忽略。

经对政策条款细分统计，并结合政策文本内容可以得出三点结论：第一，现行智慧城市建设政策所针对的主体多元，尤其注重政府作为“总设计师”的宏观导向作用，企业、高校以及科研机构的信息技术研发活动，旨在形成多主体协同参与智慧城市建设的局面。在着力构建政府引导、市场主导的智慧城市建设体系时，尤其重视政府在智慧城市建设活动中通过合理配置宏观管理部门职能，确定“顶层规划”、提供要素支持、制定激励措施等政策手段来协调各个主体之间的分工，以保障各类智慧城市建设项目活动的正常开展。

第二，对于社会组织更多专注（高新技术）企业及高校、科研机构，一方面，体现了河南省人民政府逐步完善和落实有关支持企业创新的各项政策，强化企业技术创新、成果转化的主体地位，以深入推进科技信息技术应用，促进智慧城市建设；另一方面，对高校、科研机构高新技术创新的支持是智慧城市建设基于新一代信息技术发展的重要体现，也是对习近平总书记赴浙江考察时提出的“通过大数据、云计算、人工智能等手段推进城市治理现代化，大城市也可以变得更‘聪明’”重要指示的积极响应。

第三，在个人方面，较多关注新一代信息技术研发工作者，体现了河南省牢固确立人才引领发展战略，实现人才驱动创新，以逐步加大对技术研发、应用维护、管理决策、宣传普及等各类技术工作者的重视；但相关政策对基层建设人员关注较少，使得基础设施建设工程及相关服务项目发展的速度和质量提升缓慢，难以为智慧城市建设提供充足的公共设施和公共服务，影响

智慧城市建设发展的进程。

四、X-Y维度交叉分析

在分析基本政策工具（X维度）的基础上，引入智慧城市发展逻辑（Y维度）进行交叉分析，可以发现针对智慧城市发展逻辑各阶段的政策工具组合应用状况，如图7-5所示。

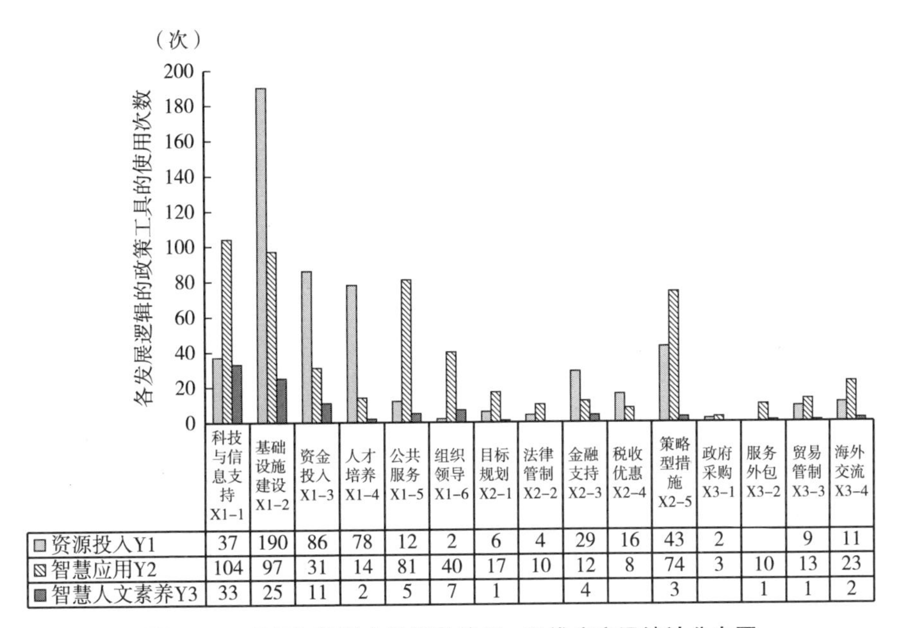

	科技与信息支持 X1-1	基础设施建设 X1-2	资金投入 X1-3	人才培养 X1-4	公共服务 X1-5	组织领导 X1-6	目标规划 X2-1	法律管制 X2-2	金融支持 X2-3	税收优惠 X2-4	策略型措施 X2-5	政府采购 X3-1	服务外包 X3-2	贸易管制 X3-3	海外交流 X3-4
资源投入Y1	37	190	86	78	12	2	6	4	29	16	43	2		9	11
智慧应用Y2	104	97	31	14	81	40	17	10	12	8	74	3	10	13	23
智慧人文素养Y3	33	25	11	2	5	7	1		4		3		1	1	2

图7-5　现行智慧城市建设政策X-Y维度交叉统计分布图

资料来源：笔者自制。

由图7-5可知，在智慧城市发展逻辑的各阶段中，供给型、需求型和环境型政策工具分别使用了855次、75次和227次①，说明行智慧城市建设政

① 此处数据来源于图7-5，其中供给型政策工具使用次数为科技与信息支持、基础设施建设、资金投入、人才培养、公共服务、组织领导六种工具使用次数的合计；需求型政策工具使用次数为政府采购、服务外包、贸易管制、海外交流四种工具使用次数的合计；环境型政策工具使用次数为目标规划、法律管制、金融支持、税收优惠、策略型措施五种工具使用次数的合计。

策在促进各阶段活动时，供给型政策工具使用频繁，环境型次之，需求型最少，这与前文所述政策工具整体使用情况相符，但具体使用情况却有所不同。从细分政策工具的分布来看，在资源投入阶段，供给型政策工具中的“基础设施建设”和环境型政策工具中的“策略型措施、金融支持”使用次数较多，而有6种工具使用次数较少，不足10次，其中尤其以“服务外包”“政府采购”“组织领导”最为稀缺；在智慧应用阶段，各政策工具使用普遍较多，其中“科技与信息支持”“基础设施建设”“公共服务”的使用较为频繁，且与另外两个阶段相比，“组织领导”“策略型措施”的使用差距较为明显；在智慧人文素养阶段，各政策工具使用普遍较少，其中在“法律管制”“税收优惠”“政府采购”方面使用次数为零，仅供给型政策工具中的“科技与信息支持”“基础设施建设”使用较为频繁。另外，需要指出的是“政府采购”在各阶段中的使用均不足10次。

结合相关政策文本内容可以发现，在资源投入阶段和智慧人文素养阶段，政府均较多采用鼓励指引、宣传推广、协调合作等手段来引导和促进智慧城市建设项目的实施应用，同时注重加强基础设施建设、科技与信息支撑以及资金投入等措施来为智慧城市发展创造坚实根基，以实现河南省智慧城市建设能力的提升，并促进人文素养的发展，体现了2014年由教育部、文化部等七部门发布的《关于推进学习型城市建设的意见》中关于加强人文精神宣传，建设学习型城市，营造良好文化氛围的号召。但是，值得注意的是智慧人文素养发展往往投入资源多、生长周期长、产出成果慢、市民关注度低，特别需要政府将其作为公共事业进行长期支持，这就要求各级政府加强组织领导、完善基本制度、盘活教育资源、注重利用网络资源等，而现行政策虽然在“科技与信息支持”“基础设施建设”等方面力度较大，但“人才培养”“海外交流”等能产生直接促进作用，“金融支持”“税收优惠”等引导社会多元主体投入，发挥重要影响的政策工具使用稀缺，将制约河南省智慧人文素养的发展。

同时还发现，在智慧应用阶段，政府综合使用各类基本政策工具来推进城市建设项目规范化、居民化、社会化进程，除了依然重视资金投入、基础设施、公共服务、组织领导等领域外，还明显加强对有关科技与信息支持、

策略型措施以及海外交流的政策工具的使用。这一方面体现了河南省加快建设城市各项基础设施以及相关网络资源平台，完善城市发展根基，建立健全智慧城市建设的相关制度体系，创造良好城市建设环境的努力；另一方面也反映了河南省注重国际合作与交流，从而促进先进思想、技术、理念的引入，以更有效地建设智慧城市。

五、X－Z维度交叉分析

在分析基本政策工具（X维度）的基础上，引入智慧城市建设主体（Z维度）进行交叉分析，可以发现针对不同主体的政策工具组合应用状况，如图7－6所示。

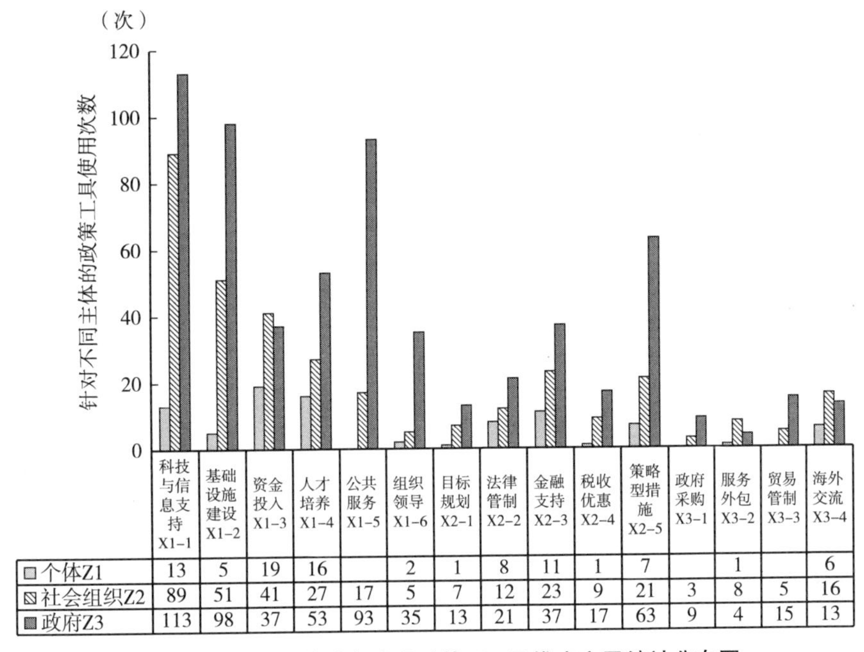

	科技与信息支持 X1-1	基础设施建设 X1-2	资金投入 X1-3	人才培养 X1-4	公共服务 X1-5	组织领导 X1-6	目标规划 X2-1	法律管制 X2-2	金融支持 X2-3	税收优惠 X2-4	策略型措施 X2-5	政府采购 X3-1	服务外包 X3-2	贸易管制 X3-3	海外交流 X3-4
□个体Z1	13	5	19	16		2	1	8	11	1	7		1		6
▨社会组织Z2	89	51	41	27	17	5	7	12	23	9	21	3	8	5	16
■政府Z3	113	98	37	53	93	35	13	21	37	17	63	9	4	15	13

图7－6　现行智慧城市建设政策X－Z维度交叉统计分布图

资料来源：笔者自制。

由图7-6可知，对于所有智慧城市建设主体，供给型、需求型和环境型政策工具分别使用了714次、77次和262次，[①] 也呈现出供给型政策工具使用频繁，环境型次之，需求型最少的特征，与前文所述政策工具整体使用情况相一致，但在具体使用情况上有所不同。从细分政策工具的分布来看，在个人方面，各政策工具整体使用偏少，大部分处于稀缺状态，远低于其他两类建设主体，甚至“公共服务”“政府采购”“贸易管制”的使用次数为零，仅供给型政策工具中的“资金投入”“人才培养”“科技与信息支持”和环境型政策工具中的“金融支持”使用较多；在社会组织方面，供给型政策工具中的“科技与信息支持”“基础设施建设”的使用较为突出，而“组织领导”“政府采购”“贸易管制”的使用次数较少，甚至不足6次；在政府方面，各类政策工具使用普遍较多，尤其以供给型政策工具使用最为频繁，其中“科技与信息支持”的使用次数高达113次，“基础设施建设”“公共服务”则次之，使用次数分别为98次、93次。

结合相关政策文本内容可以得出以下结论：第一，在智慧城市建设的过程中，政策对个人的关注程度最低，较多重视建设主体（如科技研发人员、高校毕业生等）的教育与培养、管理与激励等方面，而在海外交流、政府采购、公共服务、税收优惠等直接产生重要促进作用的领域却缺乏应有的关注度。随着城市发展进入新模式，城市竞争也从传统的拼产业、拼招商、拼优惠政策逐渐转向人才的高维竞争，而且智慧城市建设要以人为本，以城市发展需求为导向，才能以较高的科学性与精准性满足公众的需求，这都更加要求相关政策急需加强对个人主体的重视。

第二，在社会组织方面，除了依然重视基础设施建设、资金投入、人才培养之外，还特别注重科技与信息的支撑以及金融措施的支持。这一方面，可以大力促进省内尖端技术、核心技术的创新研发，推动不同领域不同产业的信息化发展，加快城市经济发展的速度，从而提高河南省城市的国际竞争

---

① 数据来源于图7-6，其中供给型政策工具使用次数为科技与信息支持、基础设施建设、资金投入、人才培养、公共服务、组织领导六种工具使用次数的合计，为714次；需求型政策工具使用次数为政府采购、服务外包、贸易管制、海外交流四种工具使用次数的合计，为77次；环境型政策工具使用次数为目标规划、法律管制、金融支持、税收优惠、策略型措施五种工具使用次数的合计，为262次。

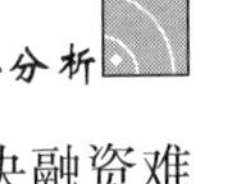

力和吸引力；另一方面，可以为社会组织提供财政支持，帮助其解决融资难等问题，突出社会组织在智慧城市建设活动中的主体地位，以此调动其积极性，增强市场活力。

第三，对于政府而言，以“组织领导”“法律管制”“策略性措施”为主的各类行政手段运用较为突出，同时也增加了人力、财力、基础设施、公共服务、科技与信息技术等供给要素的投入力度。这既体现了河南省人民政府长期注重宏观调控、指导方向，以促进社会各个利益群体良性互动、优化智慧城市发展的治理模式，即通过自上而下的行政支持和政策规范来将社会动力和政府的牵引力紧密结合起来，保障智慧城市建设活动的开展，也体现了河南省人民政府努力推进社会资源的有效配置，为城市发展提供充实的物质基础和充分的行政支持，致力于提高智慧城市建设的质量和速度。

综上所述，通过对基本政策工具在智慧城市建设逻辑不同阶段及不同城市建设主体中使用时的组合情况交叉分析（X－Y，X－Z）可以发现，无论对智慧城市建设逻辑还是智慧城市建设主体，现行智慧城市政策均呈现“供给型政策工具使用频繁，环境型次之，需求型最少”的特点。其中以“法律管制”“策略性措施”“组织领导”最为常用，重点在于通过行为规范、激励以及引导等手段来促进各主体开展各类智慧城市建设活动的积极性和规范化。此外，“科技与信息支持”“基础设施建设”“人才培养”等也使用较多。然而对智慧人文素养的支持不足，忽视个人作用的发挥，是现行政策的薄弱之处，尤其是对智慧人文素养和个人在“目标规划”“政府采购”“服务外包”“税收优惠”上相对稀缺，将严重制约河南省人文素养的提升和公众参与度的提高，表明了现行政策在拉动城市建设需求、合理规划城市发展计划、均衡各个主体参与度等方面仍有缺陷，也是今后的政策优化重点。

第四节　本章小结

公共政策工具是决策者选择的一种手段和途径，它在特定的政策环境下产生，通过影响政策客体从而实现政策目标。通过上文对政策工具使用情况的分析，可以对河南省智慧城市建设政策有一个初步认识。

从政策工具的整体使用情况来看，供给型政策工具使用次数最多，环境型政策工具使用次数次之，需求型政策工具占比最小。这说明河南省人民政府在促进智慧城市建设的过程中，除了依旧注重科技与信息支持、基础设施建设、资金投入和人才培育外，已逐渐转向以服务为主，引导各个主体积极参与智慧城市建设项目，营造良好的城市发展环境，政策工具的使用也逐渐呈现多元化的趋势。但海外交流、贸易管制、政府采购等对智慧城市发展产生直接扶持促进作用的领域，目前仍存在较大发展空间。

在智慧城市发展逻辑方面，智慧化应用是政策支持重点，对智慧人文素养的发展关注不足。政策工具的组合上存在不合理之处，在政府对资源投入和智慧人文素养整体关注较少的同时，对二者的目标规划、法律管制、政府采购、服务外包等政策工具严重短缺，这将会极大制约政府对二者直接扶持促进和引导社会多元资本投入作用的发挥，使得现有政策工具难以达到促进城市各领域全面均衡发展的效果。

在智慧城市建设主体方面，政府是政策关注重点，对个人关注较少。除了少数资金投入、人才培育、科技与信息支持等政策外，大部分针对个人的政策工具处于稀缺状态，忽视了个人作用的发挥，反映出了河南省人才保障制度和市场导向性的严重不足。另外，政策工具组合上的失衡之处，也使得公共参与城市治理的程度较低，可能会导致智慧城市建设的项目成果无法很好地满足当前居民的现实生活需求，降低了智慧城市建设发展的有效性。

第八章

河南省智慧城市建设政策演进分析

2008年以来，河南省沿着智慧城市建设制度化、科学化的道路不断探索，出台了一系列与智慧城市建设相关的政策。通过对河南省十余年来智慧城市建设历程的回顾与总结，可以看出智慧城市建设已从一般的社会对象转变成社会关注的热门对象，它多层次、多视角、多领域地描述了智慧城市建设的脉络背景，反映了不同建设主体在智慧城市建设过程中的广泛布局、重要作用和贡献，强调了智慧城市建设从浅入深、从泛化到精细的发展过程。总结发现，智慧城市建设政策具有鲜明的特征，尤其是在阶段划分方面。本章根据河南省智慧城市建设相关政策的数量、类型以及具有影响力的标志性事件，重点阐述河南省智慧城市建设的演进及其特征。

第一节 政策演进情况的统计描述

一、智慧城市建设政策的数量分布

一般来说，每一个样本都包含不同的时间节点，比如通知发布时间、生效时间和网络官方公布时间，而且可能会缺失某个时间节点，这对政策的演进趋势研究有一定的干扰作用。随着不断推进电子政务和信息化建设，河南省人民政府的行政效率逐步提高，大多数政策，特别是近年来的政策，在通知时间、生效时间和网络官方公布时间三个时间节点上的间隔比较小。但是有一些历史政策存在例外，它们通过电子方式向公众公开，例如2010年在官方网络公布的政策实则为2008年的政策。一般来说，通知的发布时间通常早于政策的生效时间，各级政府都会在通知发布之后依据政策导向来进行自我调整工作。因此，在统计样本时间时，本书以官方网络发布时间为准，若发布时间缺失，则采纳样本的生效时间。在对河南省124个智慧城市建设相关政策样本进行统计分析之后，得到了河南省智慧城市建设相关政策的年度发布数量及其变化趋势，如图8－1所示。

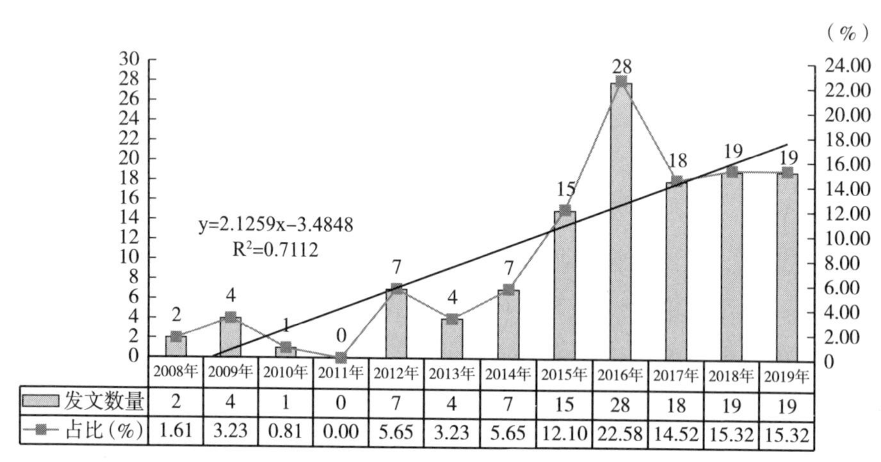

	2008年	2009年	2010年	2011年	2012年	2013年	2014年	2015年	2016年	2017年	2018年	2019年
发文数量	2	4	1	0	7	4	7	15	28	18	19	19
占比(%)	1.61	3.23	0.81	0.00	5.65	3.23	5.65	12.10	22.58	14.52	15.32	15.32

图8－1　2008～2019年智慧城市建设政策数量分析

资料来源：笔者自制。

从图8－1可以看出：第一，2008年以来，河南省智慧城市建设相关政策文本数量总体上呈持续增长趋势，但年度政策发布规律难以确定，因为这些政策可能是由于智慧城市热门对象的建设需要而出台，也可能是由于河南省整体城市战略规划而制定；第二，与智慧城市建设相关的政策平均每年出台10.33个，边际拉上作用在2010年之后明显增加；第三，2008年、2013年和2017年是河南省智慧城市建设政策发展的关键点。2008年河南省首次出台关于智慧城市建设的相关政策；2013年至2016年，智慧城市建设政策数量呈现出跨越式发展；2017年智慧城市建设政策数量出现了高位缓降的情况。

城市发展建设目标的提出与政策出台往往存在一定的滞后性。2008 年，IBM 首次提出了“智慧地球”愿景，并在此框架下，用“智慧城市”的概念涵盖硬件、软件、管理、计算、数据分析等业务在城市领域中的集成服务，在此之后河南省人民政府首次出台了关于智慧城市建设的相关政策；2013 年是河南省智慧城市建设发展历程中重要的一年，这一年发生的里程碑式的智慧城市建设事件很多，例如国务院出台了推进智慧城市建设的政策，国家旅游局以 2014 年为“智慧旅游年”并且住房和城乡建设部以智慧旅游为主题，开展智慧城市试点工作，第三方组织积极推进智慧城市建设等，都对河南省智慧城市建设发展产生了巨大影响，这也是智慧城市建设相关政策在 2013 年之后呈现跨越式增长的重要原因。而后，由于以“交通拥挤”“住房紧张”“能源短缺”为代表的城市病的愈发严重，以“云计算”“大数据”“物联网”为代表的信息技术的快速发展，以“电子政务”“智能制造”“智能终端”为代表的智慧应用的迫切需求，河南省人民政府对智慧城市建设程度逐渐加深。2017 年，虽然国家和省政府关于智慧城市的试点工作持续在推进，但是由于缺乏详细的顶层设计规划、成功的智慧城市范例和明确的评价体系等原因导致智慧城市建设相关政策的数量出现缓慢小幅度的下降。

改变字频可以反映出政策制定者对事物的认知和重视程度[①]。在研究智慧城市建设发展时，除了统计外在的发文数量以外，还需要对样本内在的关键词出现的频次进行统计研究，它反映了各个主体对智慧城市建设发展对象的关注程度。经研究统计样本中关键词年度出现的频次及其与发文数量的关系如图 8 - 2 所示。由图 8 - 2 可知，在绝对数量上，样本关键词出现频次基本保持增长的发展趋势，在相对数量上，虽然增长的总体趋势不变，但增长速度不稳定，其中在 2010 年和 2016 年增长尤为突出。这说明了每个主体都在不断加深对智慧城市建设发展的重视程度，智慧城市建设的理念也在多个政策中普遍被强化。有意思的是，尽管 2017 年公布的文件数量跟往年相比有所减少，但年度关键词频次和平均频次却出现增加趋势，这也显示出河南省人民政府对智慧城市建设的持续性关注。

① 邓雪琳．改革开放以来中国政府职能转变的测量——基于国务院政府工作报告（1978 - 2015）的文本分析［J］．中国行政管理，2015（8）：30 - 36.

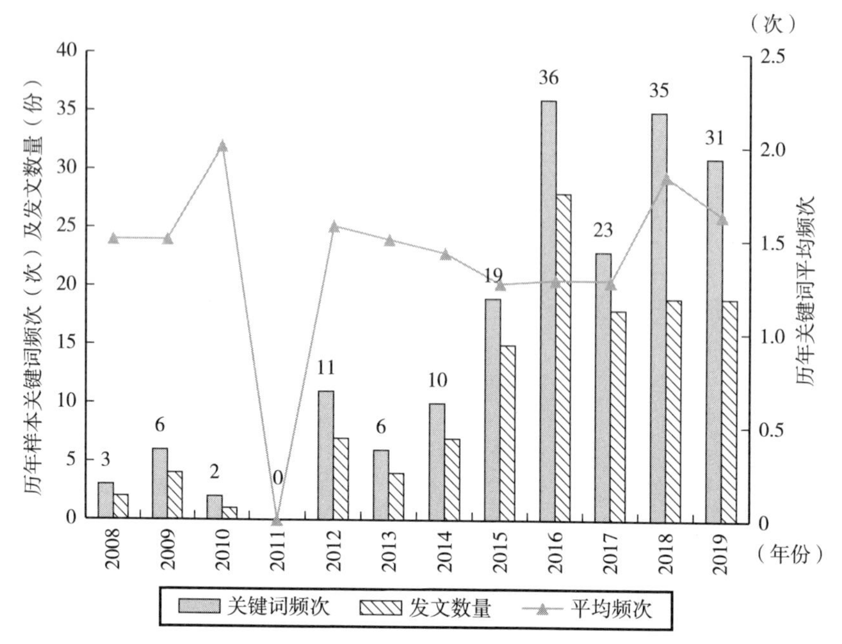

图 8-2　2008～2019 年样本中关键词出现频次及其发文数量的时间演进

资料来源：笔者自制。

随后，对 124 个样本中出台月份情况进行的统计如图 8-3 所示。由图 8-3 可知：第一，从月度总量趋势来看，智慧城市建设政策出台的数量在几乎一半时间内分布相对平均，有“旺季”和“淡季”之分。其中，有关智慧城市建设政策出台最密集的时期为每年的第一季度和第二季度，平均每月出台 11 份政策，但出台政策最多的月份是 12 月份，累计出台 17 份政策，占全部政策样本的 13.71%，[①] 而属于第二季度的 6 月出台的政策数量位居第二位，累计出台 15 份政策，占全部政策样本的 12.1%，[②] 同时位于第三位的是 2 月，累计出台 14 份政策，占比为 11.29%[③]；7 月智慧城市建筑政策出台的最少，占比仅为 3.22%[④]；第三季度和第四季度的月出台政策量有较大的变

① 该占比由“12 月份累计政策数量（17 个）/全部政策样本（124 个）”得出。
② 该占比由“6 月份累计政策数量（15 个）/全部政策样本（124 个）”得出。
③ 该占比由“2 月累计政策数量（14 个）/全部政策样本（124 个）”提出。
④ 该占比由“7 月份累计政策数量（4 个）/全部政策样本（124 个）”得出。

化，但政策出台总量较为稳定。第二，在 144 个月的样本中，其中有 67 个月都出台了相关政策。2016 年至 2018 年间，基本每个月都会出台智慧城市建设相关政策。第三，2019 年 1 月是单月出台量最大的一个月，共出台了 6 个（4.84%）① 相关政策。

这种规律与省政府政策制定情况相对应。在每年的春节前后（一般为二月份）是安排上半年工作的主要时期，而年中前后（一般为六月份）则是安排下半年工作的主要时期。在这两个时段，国家和省级层面的意见、指导性政策和工作要求大量出台，是党和国家、省级政府在重要会议之后将建设意志转化为建设政策的集中体现期。而政策的实施落实与执行集中在后两个季度，这些政策的主要内容包含突发情况的处置和国内外形势的变化等，例如 12 月政策出台数量位居首位，多是因为国家政策形势变化，使得河南省在 2016 年和 2018 年的 12 月出台较多的智慧城市建设的相关政策，拉动了样本区间整个 12 月出台的政策数量。

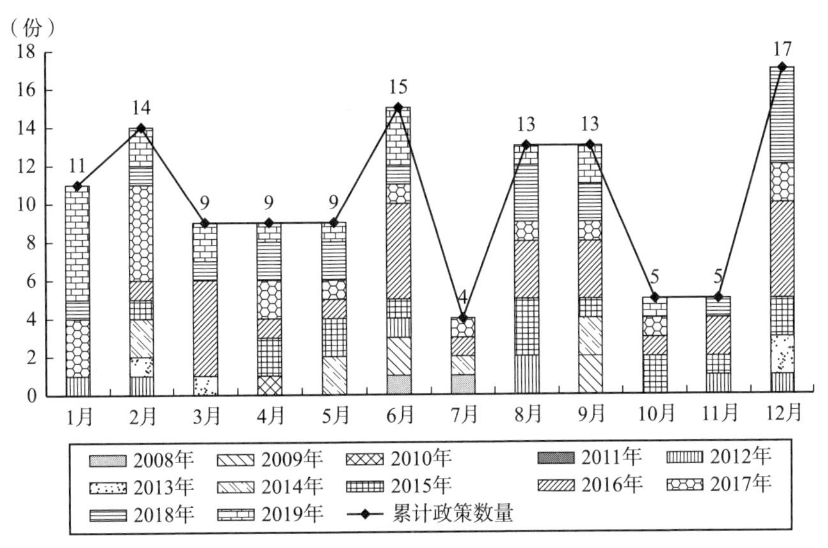

图 8－3　2008～2019 年智慧城市建设相关政策发文数量的月度分析

资料来源：笔者自制。

① 该占比由“2019 年 1 月份累计政策数量（6 个）/全部政策样本（124 个）”提出。

二、智慧城市建设政策的类型分布

政策文本有很多种类，它们有不同的特点与效果。不同类型的政策文本文种特别是权威性文本在每年的空间分布都预测和推动了行政治理的后续发展。在统计分析了124个样本文种主题词后发现，河南省智慧城市建设相关政策的文种形式包含通知、决定、意见、规划、条例、方案、建议、实施方案和实施意见等22类。归纳总结这些文种后可以将河南省智慧城市建设相关政策分为7大类，即决定、意见（包含建议、指导意见、意见和条例）、通知、方案与要点（包含方案、活动方案、专项方案、工作要点等）、发展规划（包含规划、规划纲要、战略规划、发展计划）、实施安排（含暂行办法、行动计划、行动方案、实施意见、实施方案）和其他（导则、目录（试行）），并且分析了各个文种的数量及其年度分布，结果见表8－1。

表8－1　智慧城市建设相关政策的文种类型、数量及其年度分布　单位：份

类型	2008年	2009年	2010年	2011年	2012年	2013年	2014年	2015年	2016年	2017年	2018年	2019年	合计
决定								1					1
意见	1	1			3	2	2	1	3		1	4	18
通知	1					1	1	2	2	1	3	4	15
方案与要点					3	1		2		4	1		11
发展规划		3	1		1		1	2	4	6	2	2	22
实施安排							3	7	18	6	12	9	55
其他									1	1			2

资料来源：笔者自制。

由表8－1可知：第一，河南省人民政府从2014年开始逐渐增多文种的类型和频次，阶段性特征明显，智慧城市建设的关注度不断提高。第二，智

慧城市建设政策务虚且务实。意见、决定和发展规划等战略性文件数量占样本总量的 33.06%，方案、通知和实施安排等战术性执行文件的数量占总样本量的 65.32%[①]，由此可见政策的分配一般平衡。

第二节　政策演进的阶段与特征

在 2008 年至 2019 年间，有以下关键性事件。2008 年，IBM 首次提出“智慧城市”的概念，我国也加快推进智慧城市建设，将其作为新型城镇化的发展方向。在此之后，北京、天津、青岛等地方城市开启信息化建设试点，但在国家层面并未做出统筹规划。2012 年，《国务院关于印发工业转型升级规划（2011 -2015 年）的通知》中首次提出智慧城市建设，该规划从推进物联网深度应用的角度出发，清晰地划定了智慧城市的应用领域[②]；此后住房和城乡建设部于 2012 年正式颁布《国家智慧城市试点暂行管理办法》，首次提出推行智慧城市试点建设是我国智慧城市发展新起点，标志着将智慧城市建设升华到国家战略高度。2017 年，中共十九大报告提出要加快建设创新型国家，建设科技强国、网络强国、数字中国、智慧社会，同时第一次提出了“智慧社会”这一概念，使智慧城市建设进一步深化发展。

在上述年份中，政策经过了从零散发展到整体规划再到全领域实施的阶段，对当时及日后河南省智慧城市发展和相关政策产生了较为显著的影响。因此，本书将据此把河南省智慧城市政策划分为三个发展阶段，如图 8 -4 所示，即探索发展阶段（2008 ~2011 年）、积极推进阶段（2012 ~2016 年）以及战略深化阶段（2017 ~2019 年），并以此为基础对各阶段的政策数量进行统计并探究其演变规律。

---

① 数据来源于表 8 -1，其中样本总量为各文种类型的合计，即 124 份，意见、决定和发展规划等战略性文件数量为 41 份，方案、通知和实施安排等战术性执行文件数量为 81 份。

② 郭雨晖，汤志伟，翟元甫．政策工具视角下智慧城市政策分析：从智慧城市到新型智慧城市[J]．情报杂志，2019，38（6）：201 -207，200.

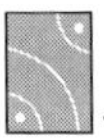

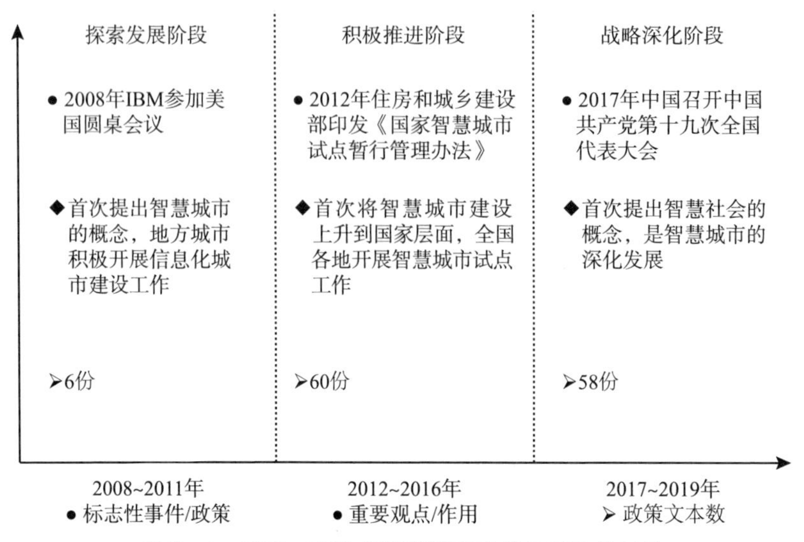

图 8－4　2008～2019 年智慧城市政策发展阶段划分

资料来源：姚冲，甄峰，席广亮．中国智慧城市研究的进展与展望［J］．人文地理，2021，36（5）：15－23.

第三节　政策内容的阶段演化分析

在对所选取的政策文本进行主题词提取、合并之后，首先将每阶段政策主题词导入 BibExcel 软件中，通过处理得出各阶段的词频共词矩阵，再将其导入 Ucinet 中进行网络分析，利用 Netdraw 绘图功能可视化地展示各阶段高频主题词网络，最后再通过 Netdraw 中的 Analysis 选项，经 Centrality Measures 和 Degree 功能按照点度中心性对各节点的大小进行调整，得出最终各阶段的高频主题词网络。其中点度中心性是测量一个政策主题词与其他主题词产生联系的能力大小，若点度中心性数值越高，则表示其在诸多政策中具有显著地位，是该阶段政策关注的热点。

一、探索发展阶段（2008～2011 年）

2008～2011 年是我国智慧城市的探索发展阶段，在提出“智慧城市”一词后，我国学者纷纷提出各自建设观点，各个城市也积极做出响应，展开了各地市的信息化建设试点工作，河南省也不例外。但此时中央并未做出有力回应，也没有相关政策出台。河南省人民政府出台的相关支持政策数量少，针对该阶段收集到河南省有关智慧城市政策文本 6 份，通过研读、提取、筛选、合并后将出现 3 次（包括三次）以上的关键词作为高频主题词，共 14 个，具体内容如表 8 –2 所示。对高频主题词进行软件处理和建立共词矩阵，可得出该阶段中国智慧城市政策高频主题词网络图。

表 8 –2　　2008 ~2011 年智慧城市政策高频主题词

序号	高频关键词	频数
1	电子政务	3
2	网络信息安全	3
3	信息产业	3

资料来源：笔者自制。

第一阶段智慧城市高频主题词网络如图 8 –5 所示。该阶段智慧城市政策中仅有三个关键词，且出现频率相同。由图 8 –5 可知，该阶段智慧城市相关支持政策较为关注电子政务和信息产业的开展建设，同时也注重保护网络信息安全。

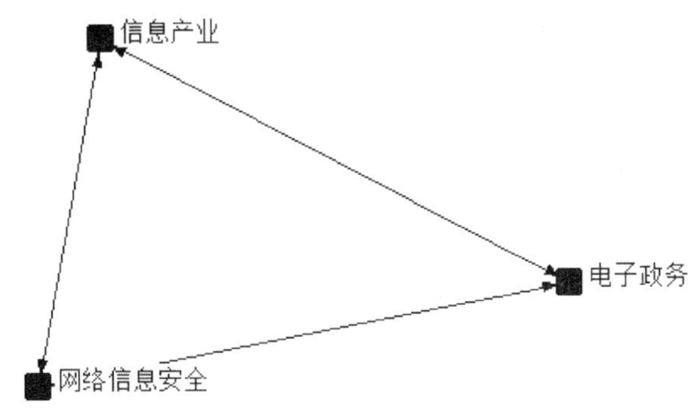

图 8 –5　2008 ~2011 年河南省智慧城市政策高频主题词网络

资料来源：笔者自制。

基于共词分析结果，进一步查找、筛选后确定本阶段政策聚焦点的代表性政策和核心内容，可知该阶段智慧城市相关支持政策主题具有以下特点：第一，以建设电子政务拉动社会信息化的发展。河南政府积极开展电子政务的建设工作，以电子政务的发展带动社会发展信息化是我国整体信息化建设的要求。2001 年的国家信息化领导小组第一次会议提出“要以电子政务带动国民经济和社会发展信息化”，为我国信息化社会建设工作提出指导意见，从此电子政务成为信息化社会建设的首要重点任务。

第二，重视网络信息安全管理。网络和信息安全是信息化建设的重要保障。随着电子政务的广泛应用，网络信息安全的重要性日益突出，同时也显现出不少安全管理的短板。因此河南政府出台了相应的政策来保障电子政务的安全运行。

二、积极推进阶段（2012～2016 年）

2012～2016 年是我国智慧城市的积极推进阶段，中央政府对智慧城市建设愈发重视，智慧城市建设工作也逐步走向制度化。针对该阶段收集到河南智慧城市政策文本 60 份，通过研读、提取、筛选、合并后将出现 3 次以上的词组作为高频主题词，共 17 个，具体内容如表 8－3 所示，发现新增“智慧城市”“发展规划”“创新驱动”等高频主题词。对高频主题词进行软件处理和建立共词矩阵，得出该阶段中国智慧城市政策高频主题词网络图，如图 8－6 所示。

如图 8－6 所示，“信息基础设施”在本阶段处于中心位置。同时政策文本数量激增，且河南政府注重信息化发展的规划部署。由此可见，河南省智慧城市在该阶段的重点任务就是在国家政府统筹规划的基础上，积极开展各领域信息化的试点工作，并做好了相应的保障措施。

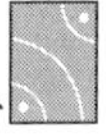

表 8-3　　2012~2016 年智慧城市政策高频主题词

序号	高频关键词	频数	序号	高频关键词	频数
1	信息基础设施	23	10	创新驱动	5
2	智慧城市	17	11	信息共享	5
3	示范试点	9	12	电子政务	4
4	保障措施	9	13	新兴产业	3
5	网络信息安全	8	14	现代物流	3
6	产业聚集	8	15	社会信息化	3
7	发展规划	8	16	人才队伍建设	3
6	信息技术	7	17	电子商务	3
9	工业信息化	6	—		

资料来源：笔者自制。

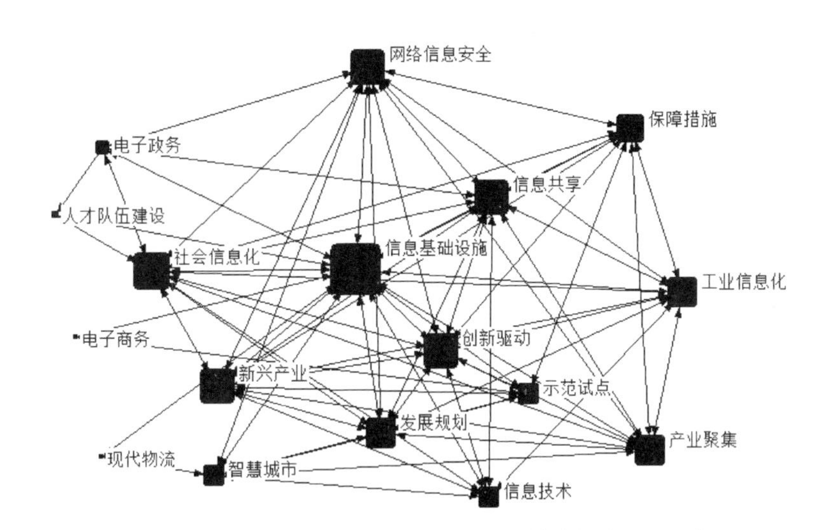

图 8-6　2012~2016 年河南智慧城市政策高频主题词网络

资料来源：笔者自制。

基于共词分析结果，进一步查找、筛选后确定本阶段政策聚焦点的代表性政策和核心内容，并结合图 8-6 可知该阶段智慧城市政策主题具有以下特点。

第一，智慧城市政策体系建设初步完成。一方面，本阶段出现的智慧城市政策数量激增且应用领域涵盖更加广泛，充分涉及社会、产业等方面，且与各方面联系增多，积极落实党中央打造智慧城市的规划。另一方面，本阶段开始了智慧城市发展的顶层设计。顶层设计起着承上启下的作用，它是智慧城市总规划转变为具体建设规划的重要中间步骤，对后续智慧城市建设工作起着重要的指导作用。

第二，积极开展信息基础设施建设的部署工作。信息基础设施是城市基础设施的重要组成部分，是智慧城市的基础支撑。只有固定宽带、移动互联网、感知网络等网络基础达到一定水平，才能保障城市运行数据的共建共享共用，保障物联网、云计算等智慧城市建设所需关键技术的顺畅运行①。因此，建设信息基础设施是智慧城市发展的基础性和关键性的工作。

第三，以创新驱动智慧城市发展。创新驱动被视为推动智慧城市建设的先导因素，智慧城市是在新一代信息技术推动及城市可持续发展、创新驱动发展以及社会治理创新等发展需求的拉动下兴起的。因此通过创新驱动可实现城镇化、工业化和信息化的深度融合与创新发展，进一步加快智慧城市建设②。

三、战略深化阶段（2017～2019年）

2017～2019年是我国智慧城市建设的战略深化阶段。自习近平总书记2015年12月提出“新型智慧城市”这一概念后，党的十九大报告中又提出了“智慧社会”这一概念。这两个概念的提出为第三阶段智慧城市政策的变化埋下了伏笔。针对该阶段收集到中央层面智慧城市政策文本58份，通过研读、提取、筛选、合并后将出现3次以上的词组作为高频主题词，共23个，具体内容如表8-4所述，发现新增“互联网+政务服务”“人工智能”“智

① 张梓妍，徐晓林，明承瀚．智慧城市建设准备度评估指标体系研究［J］．电子政务，2019（2）：82-95．

② 夏昊翔，王众托．从系统视角对智慧城市的若干思考［J］．中国软科学，2017（7）：66-80．

慧养老”等高频主题词。对高频主题词进行软件处理和建立共词矩阵，得出该阶段中国智慧城市政策高频主题词网络图，如图8－7所示。

自2015年提出新型智慧城市后，智慧城市建设就受到中央政府高度重视。2016年3月发布的《中华人民共和国国民经济和社会发展第十三个五年规划纲要》中，首次提出要“建设一批新型示范性智慧城市”。在2016年10月9日中央政治局第36次集体学习中，习近平总书记指出，要“以推行电子政务建设新型智慧城市等为抓手，以数据集中和共享为途径，建设全国一体化的国家大数据中心”①，而新型智慧城市的核心是以人为本，再加上党的十九大报告中提出的“智慧社会”的概念，与国家政策相同步，因此本阶段河南省智慧城市政策高频关键词大都突出“以人为本”这一核心理念。

表8－4　　2017～2019年智慧城市政策高频主题词

序号	高频关键词	频数	序号	高频关键词	频数
1	互联网＋政务服务	13	13	电子商务	4
2	大数据	13	14	智慧养老	3
3	信息共享	10	15	智慧农业	3
4	智能终端	6	16	信息惠民	3
5	信息基础设施	6	17	网络扶贫	3
6	智慧城市	6	18	考核评价	3
7	示范试点	6	19	互联网＋医疗健康	3
8	人工智能	6	20	公共服务	3
9	网络信息安全	5	21	发展规划	3
10	数字经济	5	22	创新应用	3
11	产业聚集	5	23	标准体系	3
12	智能制造	4		—	

资料来源：笔者自制。

① 唐斯斯，张延强，单志广，等．我国新型智慧城市发展现状、形势与政策建议［J］．电子政务，2020（4）：70－80.

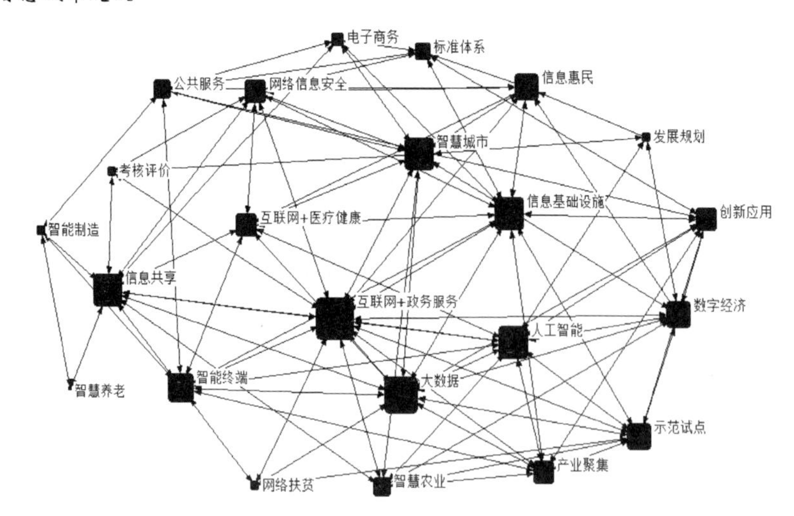

图 8－7　2017～2019 年河南智慧城市政策高频主题词网络

资料来源：笔者自制。

基于共词分析结果，进一步查找、筛选后确定本阶段政策聚焦点的代表性政策和核心内容，并结合图 8－7 可知该阶段智慧城市政策主题具有以下特点。

第一，突出"人"的重要性，注重智慧城市发展过程的软环境建设。一方面，推进智慧社会的有效治理，就是要让智慧社会发展惠及普通大众，为老百姓提供用得上、用得起、用得好的信息服务，而以"互联网＋政务服务"为主体的智慧化公共服务体系，形成了"百姓随需点单政府自动出菜"的服务格局，可以更好地为人民服务①。另一方面，河南省人民政府开始重视公共服务、智慧养老以及互联网＋医疗健康等民生领域的建设，为市民的日常生活营造舒适的软环境。

第二，人工智能融入社会发展，大力发展数字经济。加强社会治理与人工智能的结合，加强公共信息的整合和公共需求准确预测，有助于推进智慧

① 王俊. 从电子政务、智慧城市到智慧社会—智慧宜昌一体化建设实践探析［J］. 电子政务，2018（5）：52－63.

城市建设和提高公共服务和社会治理水平①。同时建设智慧社会要推动互联网、大数据、人工智能和实体经济深度融合，发展数字经济，培育新增长点，形成新动能②。因此，人工智能和数字经济的出现是智慧城市升华发展至智慧社会的表现。

第三，大数据成为支柱型产业，为智慧城市发展提供丰富情报资源。智慧城市的发展既离不开城市信息化基础设施的建设，也离不开对大数据资源进行的专业化分析处理以及管理决策的支持。智慧城市的未来发展，需要通过城市管理部门相关部门的数据共享和协同，针对事实数据进行科学分析，挖掘城市管理的内在规律，实现大数据驱动的高峰勤务模式，对公共突发事件构建基于大数据分析的预案选择策略机③。

第四节　本章小结

本章主要从智慧城市建设政策的年度、月度数量分布和文种类型等角度，对样本区间的建设政策进行了演进规律的探索，主要研究发现包括以下四个方面。

第一，2008 年以来，河南省智慧城市建设相关政策数量呈持续增加的趋势，2012 年之后增长幅度尤为突出。而年度政策出台的数量具有较强的不确定性，如 2017 年政策出台数量略有下降，可能是由于缺乏详细的顶层设计规划、成功的智慧城市范例和明确的评价体系等原因。

第二，每年第一季度和第二季度，特别是 2 月和 6 月智慧城市建设政策出台最为集中；第三季度和第四季度虽然每月出台的政策数量波动较大，但总体的政策出台数量稳定。2019 年 6 月出台的建设政策最多，达到 6 份。

---

① 习近平．推动我国新一代人工智能健康发展［EB/OL］.（2018 - 11 - 01）［2019 - 10 - 30］. https：//www. sohu. com/a/272684618_355034.

② 习近平．决胜全面建成小康社会 夺取新时代中国特色社会主义伟大胜利——在中国共产党第十九次全国代表大会上的报告［EB/OL］.（2017 - 10 - 28）［2020 - 05 - 08］. http：//cpc. people. com. cn/n1/2017/1028/c64094 - 29613660. html.

③ 徐宗本，冯芷艳，郭迅华，等．大数据驱动的管理与决策前沿课题［J］. 管理世界，2014（11）：158 - 163.

第三，从政策文种类型的角度看，智慧城市建设既包含决定、意见和发展规划等战略性指导文件，也包含方案、实施安排和通知等战术性执行文件；河南省人民政府从 2014 年开始逐渐增多文种的类型和频次，阶段性特征明显，建设热潮不断高涨。

第四，在上述成果的基础上，结合智慧城市建设主体、客体的相关研究结果以及影响智慧城市发展的标志性事件，将我国智慧城市演进划分为起步探索发展阶段（2008～2011 年）、积极推进阶段（2012～2016 年）和战略深化阶段期（2017～2019 年）三个阶段，并分析了不同阶段河南省智慧城市建设主要内容的演变。

第九章

未来的城市：河南省智慧城市发展政策设计

随着“智慧城市”概念在我国的兴起，从中央到地方各级政府都高度重视智慧城市建设，许多城市将其作为发展重点并积极探索和试点。走适合各个城市特点的建设道路，才是智慧城市高效、科学建设的正确方式。河南省智慧城市建设可以借鉴国内外其他城市的经验和有效做法，但关键在于要着眼于河南省各个城市的特点，避免盲目建设、重复建设及信息孤岛林立等现象，这也是智慧城市建设理论和方法本土化的过程。在前述研究成果的基础上，本章针对性地提出未来河南省智慧城市建设政策的设计，包括确定建设理念，完善政策体系构成，优化主体关系以及创新机制建设等。

第一节　确立合理的智慧城市建设政策发展理念

智慧城市是新一轮数字信息技术创新应用和智慧经济深度发展的结晶，它深层次地将工业化、信息化融合到城市建设中，是向更高阶段迈进的表现。为了推进城市的智慧化管理和运行，创造更加适宜的城市居住环境，提高城市发展的可持续性和协调性，健全智慧城市建设政策是必由之路。政策制定，观念先行，确立合理、科学有效的政策发展理念应成为智慧城市建设的坚固基石。

智慧城市建设是一个庞杂繁琐、长期奋斗的过程①，传统的碎片化、简单直接的智慧城市建设方式已经无法适应当前智慧城市建设面临的新要求和新任务，寻求一种全新的理论体系和建设架构，提供规划合理、紧密关联、深度挖掘、科学决策的智慧城市建设体系，提升智慧城市建设效果已成为当务之急。尽管目前智慧城市建设存在着“千城一面，缺乏特色”“重项目、轻规划”“重建设、轻应用”“重模仿、轻研发”等问题②，但是通过智慧城市的建设，能推进城市智能化和信息化发展，促进城镇化和绿色化的战略决策。在反思智慧城市建设政策时，首先应反思智慧城市建设的理念。通过对河南省十几年以来智慧城市建设政策文本的分析可知，每个阶段的政策制定价值取向都有差异，这不仅会直接影响政策目标，还可能产生迥异的政策效果。2020 年 7 月，河南省人民政府办公厅颁布了《关于加快推进新型智慧城市建设的指导意见》，明确了“以需求为导向，根据城市规模和发展特点，因地制宜、因城施策，应用先进适用技术，分级分类推进新型智慧城市建设，有序推动行业智慧化应用，避免贪大求全、重复建设”的智慧城市建设基本原则。因此，结合河南省关于智慧城市建设的指导意见以及河南省是国家四大农业生产基地之一、重要交通枢纽以及新兴工业大省等自身特点，本书认为，河南省智慧城市建设政策发展理念应以智慧农业为基础、以智慧园区为主导、以智慧交通为重点、以智慧物流为突破、以建设中原智慧城市群为战略目标。这一理念具体内容如下。

第一，以智慧农业为基础。智慧农业是农业发展的高级阶段，是依托大数据驱动以实现农业全产业链智能化、精准化的高级农业形式③，被视为继植物育种和遗传学革命之后的又一次农业新技术革命，将彻底改变现代农业生产经营方式与管理模式，使农业进入数字化、网络化和智能化发展阶段④。农业是经济发展的重要基础产业，也是典型的弱质产业，更是具有巨大潜力

---

① 陈玮．基于顶层设计的智慧城市建设研究［J］．电信工程技术与标准化，2020，33（9）：46－49．

② 辜胜阻，杨建武，刘江日．当前我国智慧城市建设中的问题与对策［J］．中国软科学，2013（1）：6－12．

③ 文魁．“智慧农业”为黔货插上腾飞的翅膀［N］．遵义日报，2020－09－28（004）．

④ 唐华俊．智慧农业赋能农业现代化高质量发展［J］．农机科技推广，2020（6）：4－5，9．

的优势企业。河南省作为我国粮食大省，小麦面积产量全国第一，农产品加工业走在前列，是全国重要的优质农产品生产基地。而且，党的十九大报告指出，“要坚持农业农村优先发展，按照产业兴旺、生态宜居、乡风文明、治理有效、生活富裕的总要求，建立健全城乡融合发展体制机制和政策体系，加快推进农业农村现代化”。因此，为了提高河南省智慧城市建设的高质量和高标准，必须以发展智慧农业为基础，实现农业全过程智能化，推动农业全产业链升级改造，使得农产品产量成倍增加，农业发展方式有效转变，信息化与农业的现代化深度融合。

第二，以智慧园区为主导。工业园区是产业集聚区的重要组成部分，能有效推动产业集群的形成。在产业集聚区的指导下，推进工业园区建设，不仅是实现区域经济增长的需要，更是推动城市化建设的必然选择。近年来，河南工业由弱变强，2007 年工业利润超过浙江跃居全国第四，河南工业总体实力跻身全国第一阵营，成为新兴的工业大省。而智慧园区作为智慧城市的一个具有较强代表性的小小缩影，是兼顾智慧管理、智慧安保、智慧服务、智慧交通、智慧运维于一体的现代化园区①，同时又是承担着区域经济和产业的主要集聚区，是城市化、工业化、信息化、生态化融合发展的重要示范区②。以建设智慧园区为主导，依托产业集聚区推进智慧园区建设，不仅是进一步提升产业集聚区管理能力、服务能力、集聚能力、可持续发展能力，推动产业集群化、智能化发展，促进经济结构转型升级的必然选择，也是河南省发展智慧城市的重要一环。

第三，以智慧交通为重点。智慧交通是智慧城市十分重要的组成部分，在构建智慧城市时能在有效解决城市交通问题方面发挥出十分重要的作用，表现出较高的应用价值，例如为交通运输发展提供机会，同时提高交通行业的智能化，解决传统交通中的不足，凸显交通发展的技术性优势，推动城市经济发展③。河南省作为我国重要的综合交通枢纽，高速公路通车里程和铁

① 郭奕星．智慧园区企业服务支撑云建设探讨［J］．电信快报，2014：11 - 13，17.
② 蒋子泉．工业园区智慧园区建设模式探究［J］．数码世界，2020（5）：206.
③ 杨硕．智慧城市——智慧交通的建设与管理［J］．中国战略新兴产业，2020（36）：160，162.

路通车里程均居全国第一，拥有中国首个国家级航空港经济综合实验区，是公路、铁路、航空、通信兼具的交通网络体系，而且作为“一带一路”建设的重要主体，河南省是中欧铁路的重要关卡，是空中丝绸之路的重要节点。因此，为了实现城市交通现代化发展，促进省内经济持续发展，河南省人民政府要充分利用已有的交通优势，坚持以智慧交通建设为重点的理念，完善以郑州新郑国际机场为核心的国际航线网络，加强内陆口岸与沿海、沿边口岸通关合作，构建更加科学高效的交通运输体系，以提供更优质的交通出行服务，加快推进河南省智慧城市健康发展。

第四，以智慧物流为突破。河南地处中原腹地，在全国各经济区域间具有良好的通达性，是重要的物流节点，而且具有独特的交通优势，多条具有战略意义的交通大动脉贯穿全境，是全国最大的铁路零担货物中转站，也拥有着亚欧大陆桥上最大的4E 国际机场。此外，随着时代的高速发展和信息技术的改革创新，自动化、信息化、智能化已成为新时代物流业持续发展的方向[①]。而智慧物流可利用智能软硬件、物联网、大数据等智慧化技术手段，实现物流各环节精细化、动态化、可视化管理[②]，提高物流系统智能化分析决策和自动化操作执行能力，提升物流的运作效率。因此，为了推进智慧城市建设深度，实现智慧城市建设高效率以及促进智慧城市可持续发展，河南省应以连接城市生产、流通和消费等各个环节的物流产业为智慧城市建设的重要突破口[③]，融合创新理念，借鉴发展成熟项目体系，战略引领等，带动智慧物流发展，构建现代化的物流模式。

第五，以建设中原智慧城市群为战略目标。国务院于2016 年12 月正式批复《中原城市群发展规划》，并在文件中将中原城市群定位为：中国经济发展新增长极、全国重要的先进制造业和现代服务业基地、中西部地区创新创业先行区、内陆地区双向开放新高地和绿色生态发展示范区。而中原智慧城市群是指在已有中原城市群的基础上，运用物联网、云计算、大数据等新

① 熊青青. 智慧物流研究综述［J］. 科技经济导刊，2020，28（14）：180－181.

② 钱慧敏，何江，关娇. “智慧＋共享”物流耦合效应评价［J］. 中国流通经济，2019，33（11）：3－16.

③ 卢泓宇，王雨晴. 京津冀协同发展背景下智慧物流的建设与思考［J］. 中国物流与采购，2020（13）：71－73.

一代信息技术智慧化地提高中原城市群一体化发展的程度，高效地促进中原城市群全方位的协调发展。树立以建设中原智慧城市群为战略目标的发展理念，不仅有利于优化区域发展空间格局、拓展河南省经济发展新空间，而且对河南省推进新型城镇化建设、促进智慧城市均衡、可持续发展具有重要战略意义。河南省人民政府必须坚持建设中原智慧城市群作为智慧城市建设战略目标的发展理念，积极搞好智慧城市群总体建设规划，重视区域的统筹协调发展，调整中原智慧城市群的产业结构，建设一体化的城市产业集群等，以提高河南省智慧城市建设的协调性。

第二节　智慧城市建设政策体系设计与凝望

完整的河南省智慧城市建设政策应该是由纵横交错的政策体系所构成。在纵向上，建设政策可以分为宏观的总体政策和微观的具体政策，总体政策主要是智慧城市建设的指导性、纲要性、目的性规划；具体政策则是指政府实现规划的手段，是对智慧城市的某一方面做出具体安排（如大数据应用相关的智慧城市政策）。在横向上，建设政策可以分为智慧城市规划政策、智慧城市试点政策、智慧城市评价指标政策以及智慧城市工作保障政策等。智慧城市建设的总体政策中需包含具体政策的内容指向，具体政策中的建设客体既可以出现在不同的政策文本之中，也可以出现在同一个政策文本之中。

通过前文对河南省智慧城市建设政策的全面梳理可知，智慧城市建设政策体系存在以下不足：建设主体之间的合作交流较少，结构层级复杂，责任分担不清，从实践上缺乏建设工作的统筹协调；建设政策内容模糊、分散、交叉，现实性和操作性较差；建设政策不能充分发挥各城市自身的特点优势，紧跟智慧城市的发展趋势，覆盖内容、范围较为狭窄。提升河南省智慧城市建设政策效能，实现智慧城市建设的目标，需要层次分明、主体明确、兼顾宏观指导性和微观可实施性的政策体系。

一、构建良好的智慧城市建设顶层设计

智慧城市建设并非是独立、单一地将各种项目进行结合，而是涉及多个系统，是一项周期长、复杂度高且有动态特征的工作，应对经济与社会的协调发展进行统筹规划和整体设计[①]。此外，虽然河南省人民政府对智慧城市建设有足够的自主权和能动性，也取得了一定的实践经验和成效，但是省内大部分城市仍各自为战，缺乏统一协调的规划和系统性思维。因此，根据系统工程的建设原理，河南省需要对整个智慧城市建设工作进行全局性谋划和安排，强化分工和集成思路设计，明确建设队伍架构，引导各城市因地制宜做好规划衔接，避免因不科学、盲目谋划而造成资源污染。

顶层设计是以城市问题、需求和目标为导向[②]，从全局视角出发，对智慧城市建设的各方面、各层次、各要素进行统筹考虑和总体安排，调节城市系统中各种关系，制定正确的实施路径，实现可持续性地提高效益、节约资源、降低风险和成本[③]，致力于提升城市的功能和设计解决城市问题的制度，其本质是一场城市管理和运行模式的变革。而且，顶层设计作为建设智慧城市纲领性的文件，是开展智慧城市建设活动的首要环节，是连接实际需求和具体技术的纽带，也是连接智慧城市战略意图和建设实践的桥梁，能够体现城市发展的宏观愿景。

为了适应智慧城市发展新常态，贯彻智慧城市各层级的政策导向要求，体现智慧城市发展新常态的具体内涵，有必要构建合适的顶层体系架构。而构建恰当的智慧城市顶层设计需要遵循一定的规划逻辑：首先，围绕一个城市建设的目标远景，通过深入分析城市现况及未来面临的形势环境和挑战以及城市各领域业务的关联性，明确未来建设的主要任务和重点工程；其次，基于主要任务和重点工程分析的结果，站在全局统筹安排的角度，充分考虑

---

① 孙芊芊．新时期智慧城市建设的机遇、挑战和对策研究［J］．江淮论坛，2019（4）：52－56.

② 于晓阳．新型智慧城市顶层设计研究［J］．电子世界，2020（17）：13－14.

③ 赵霞，王士然．浅析智慧城市顶层设计的思路［J］．中国新通信，2019，21（7）：65－66.

各业务领域间的互联互通和信息资源，架构起智慧城市的总体框架和目标蓝图，并提出智慧城市建设的具体实施路径；最后，建立一个有效的关键指标评价体系，在智慧城市建设过程中持续监测和评价城市的智能化程度和各项关键指标的运行情况，以确保智慧城市顶层设计能以闭环的生命周期方式持续发展下去。

另外，为了科学有效、高效快捷地将城市的信息化、智慧化从“部门级”升级到“城市级”，河南省人民政府推进智慧城市建设顶层设计必须遵循以下原则：第一，必须依据城市战略定位、历史文化、资源状况、信息化基础设施以及经济社会发展水平等方面进行科学定位，一城一策，合理配置，有针对性地进行规划和设计。第二，必须考虑政府、企业、居民等多方参与，参考不同角色的意见和建议，因为建设智慧城市不是只需要某一个主体，而是需要社会各界的积极参与，贡献自己的想法及力量，为智慧城市建设添砖加瓦。第三，必须适当加大城市“软件”部分的设计。目前河南省智慧城市的顶层设计方案多数是关于物联网、电信网络、数据共享等方面的建设指导，几乎完全被信息化技术所绑架，在很大程度上忽略了对智慧城市“软件”的规划设计，例如文化体系、道德理念、人文关怀等方面。第四，必须具备广泛的普适性。近年来，智慧城市的建设尝试均集中在省内经济实力相对雄厚的地方。但是，智慧城市建设作为一项国家、省级的战略举措，不能将一些经济实力相对弱的地区拒之门外。因此，进行顶层设计时，必须考虑到广泛的普适性，促进省内智慧城市建设的协调性和均衡性。

二、优化具体的政策部署

为了更好地实现智慧城市的建设目标，必须改进宏观的总体战略规划，细化微观的具体实施方案。而且智慧城市建设相关政策应该在做好顶层规划设计的基础上，不断进行政策分解的完善和优化。根据对河南省智慧城市建设影响因子的梳理研究可知，智慧应用（综合）、中央和省级精神、信息化建设（综合）等核心影响因子对智慧城市建设政策的颁布实施的影响程度较大，而基础设施建设、复合型人才培育、产业发展、改革创新、领导小组建设等核心影响因子对智慧城市建设政策的制定出台的影响程度相对较小，基于此本书探索性地提出了增强政策具体部署均衡性的政策途径。

（一）注重基础设施建设政策

基础设施是人类社会赖以生存、持久发展的重要物质资源和必备基本条件，是国家政府机关发展政治经济社会各项事业的坚实根基。智慧城市通过物联网、云计算、地理空间等新一代信息技术基础设施建设，达成社会各领域更加透明、彻底的感知，实现网络、数字资源、宽带建设的互联互通，强化智慧化、信息化的应用，完善促进经济高质量发展的可持续性创新。与发达国家的智慧城市相比，河南省智慧城市建设发展历程较为短暂，存在着一系列关于基础设施方面的问题，比如信息化基础设施不完善（网络宽带、通信基站城乡分布差异较大、城市郊区平均网速不高、基础数据资源库稀缺等）；必备城市硬件（轨道交通、公共设施、地下管道等）老化、安全系数低、智能水平差；城市基本软件（信息技术平台、支撑硬件的软件等）效率低下、维护困难且升级提高难度大、信息保密性差。但城市基础设施的建设是智慧城市发展的必要条件，是达成高质量、高标准推动智慧城市可持续发展的根基，是牵涉智慧城市建设效果的重要因素，这就决定了基础设施建设仍是促进智慧城市发展的重点，而河南省人民政府作为关键的城市建设主体必须重视基础设施的健全优化、完善进步。

因此，对于智慧城市基础设施建设的工作，可以从以下几方面着手：一是构建高速泛在的优质新网络，加快农村、物流园区、医院、学校、交通枢纽等地区场所5G网络覆盖，统筹推进全省基础网络、终端、应用平台改造升级，提高网络承载能力，补齐网络短板；二是打造数字资源创新应用，注重建设工业互联网、基础研究与产业创新等平台，完善电子政务、人才交流等数据库，促进各领域智慧化发展和数字资源共享，提高河南省信息化、数字化应用水平；三是铸造传统基建升级新引擎，实施智慧交通行动计划，强化智慧物流、智慧旅游、智慧农业等方面的基础设施建设，升级传统基建，提高传统基建为居民服务的质量和效率。

（二）完善复合型人才培育政策

在《第三次工业革命与人才培养模式变革》一文中周洪宇学者强调了“人”的重要性，他认为以新能源、新材料、新技术与互联网为代表的“第三次工业革命实际上是一场‘人的革命’，不仅注重人与人之间的合作、分享、和谐，更重要的是需要能够驾驭智能化设备的人才”①。智慧城市建设是一个复杂的社会大合作生产过程，需要一大批高素质、强能力、高层次的复合型人才，才能高效地进行基础设施的完善、产业的精细化分工、城市政治经济社会的可持续发展。但是，现有智慧城市建设政策，对复合型人才的重视程度远远不够，并且人才培养的质量和效率与智慧城市的发展速度十分不匹配。

因此，针对于复合型人才培育的任务，在制定智慧城市建设政策时可以考虑从以下三个方面入手：一是从前瞻性、大局性的角度出发，增加复合型人才的储备数量，借助社会锻造、高校培养和自我提升相结合的方式，增加各项分工中素质高、能力强的优质人才储蓄；二是构建合理的在职培训系统，充分利用其优势，对参与智慧城市建设工作的各个部门、各个领域的人员进行技能素质提高的培训，并大力宣传智慧城市相关理念和观点，加强在职人员的精神建设，改进人员素质能力良莠不齐的状况，促进建设队伍的专业性；三是构建科学有效的人才管理体制，提出能够留住人才、吸引人才的措施，加强与海外人才库的交流沟通，引进更多高端技术人才，同时制定有效的激励措施，鼓励各个领域的人才积极主动地参与到智慧城市建设工作中，以不断提高智慧城市建设效能。

（三）充实产业发展政策

随着河南省人民政府逐渐推进智慧城市建设，必将对相关产业发展升级提出更高的要求，加快现代化产业体系构建的迫切性，更加深层次地引领带

① 周洪宇，鲍成中．第三次工业革命与人才培养模式变革［J］．教育研究，2013（10）：4－9.

动经济社会全局、长远的发展。此外，智慧城市建设主要通过两种途径机理支撑和拉动相关产业发展：一是智慧城市建设中针对数字技术、关键核心技术的创新研发需求，拉动新兴智慧产业的壮大兴起；二是深层次地推进智慧城市建设过程中智慧化、信息化应用的发展，以加快传统产业的升级改造、转型再生。

目前，全球经济似乎进入了一个全新的时代——智慧经济时代，而作为智慧经济重要有机构成的智慧产业，能够为智慧经济的繁荣发展提供坚实的物质基础①。同时智慧产业是以重大技术突破和重大发展需求为基础的，是集合高端知识技术、拥有巨大发展潜力的城市战略性新兴产业的重要组成部分，具有物质资源消耗少、综合收益大、环境污染小等优点。借助建设智慧城市产生的巨大市场需求的牵引，促进关键数字信息技术研发水平的提高和核心技术创新成果的转化应用，推动新兴智慧产业的兴起。例如智慧城市建设需要实现资源的整合交互共享，这将带动大数据产业落地式高速发展。因此，河南省人民政府应制定详细的政策措施，引导社会各领域各阶层充分利用智慧城市建设过程中产生的巨大技术需求，进行相关信息技术的创新应用，拉动新兴产业的智慧化建设。

另外，作为传统产业改造升级的重要契机，智慧城市的建设是通过各种智能化管理和服务的全方位智慧化应用，推进信息技术在传统产业（农业、服务业、工业、制造业等）的综合应用和集成发展，从而实现传统产业的创新发展、智能发展、绿色发展和安全发展。例如通过建立电子商务、交通、物流、气象等跨行业的信息综合共享平台，降低服务业的运营成本，提高运行效率和服务质量，促进服务业转型发展。当改造传统产业、促进产业升级时，在智慧城市建设政策中应强化对财政资金的投入，注重推进物联网、大数据等新一代信息技术在传统产业中的应用研发，升级传统产业的生产方式和运行模式。

---

① 蔡宁．智慧经济与智慧产业的内涵、功能及其关系研究［J］．商业经济，2019（8）：48－50.

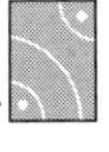

（四）关注改革创新政策

在 2015 年 10 月举行的党的十八届五中全会闭幕仪式上，习近平同志提出了“创新、改革、绿色、发展、共享”的理念，并称创新、改革是推动社会发展、促进人类进步的主要力量。智慧城市的本质是对现有城市的重构，从强调以资源投入为主、重视发展速度和数量，重构为以资源有效配置为主、重视发展效率和质量。这一重构体现在改革创新上，一方面通过制度改革创新实现资源的有效配置；另一方面通过技术创新、模式改革等提高发展效率和质量①。因此，智慧城市建设政策中应重点突出改革创新，一是要进一步推动技术创新，加快信息技术发展，通过发展数据采集的传感技术、数据传输的网络宽带技术、数据处理的云计算技术等，将智慧城市建设的核心技术掌握在自己手里，降低城市建设成本；二是要进一步推动制度改革创新，依据各个城市特色建立一套有利于智慧城市建设的制度体系，例如激励、评价、监测等体系，提高智慧城市建设制度的科学性和适宜性；三是要进一步推动模式创新，通过改革创新投入、收益、运营和建设等模式为智慧城市建设保驾护航。

（五）加强领导小组建设

智慧城市建设工作领导小组在智慧城市建设过程中承担着牵头抓总的责任，需要强化通报、调度、协调机制，鼓励基层开展创新探索实践，推动各项任务高效落实等。因此，为了构建智慧化、智能化的城市运行机制，加快推动河南省经济结构的调整和发展方式的转变，增强城市的综合实力和可持续发展能力，加强智慧城市建设工作领导小组的建设十分重要。当领导小组出现失责或工作失误时，政府部门应及时采取有效的政策规制手段进行修正弥补，同时应在智慧城市建设政策中制定设计相关强化领导小组成员责任意识、激发成员积极主动性的条目条款，引导各级各部门各单位积极参与，协调配合，发挥各自优势，落实责任分工，结合实际大胆探索创新。

---

① 高璇．我国新型智慧城市发展趋势与实现路径研究［J］．城市观察，2020（4）：149－156.

第三节　智慧城市建设结构的生成与优化

一、优化智慧城市建设政策主体关系

政策主体是政策系统的核心部分，具有规制社会成员行为、引导公众观念、调节各种利益关系、公平分配社会资源等能力。根据本书研究结果可知，河南省参与智慧城市建设的省级层面单位达 16 个，但建设活动涉及过多的部门很容易产生权力交错、责任分工不清、管理内容重复、项目落实不到位、体系构建不科学等问题，因此有必要针对智慧城市建设的政策主体结构进行完善优化和整合重组。

（一）不同主体之间政策的整合

"政府部门之间的关系是冲突和合作间的'钟摆运动'，是模糊边界情况下的关系调整过程，是资源交换和利益均衡的产物"①。由于智慧城市涉及产业领域繁多、参与者众多、信息资源开发共享较难，智慧城市建设主体（以纵向的"条"为主）和智慧城市建设系统（以横向的"块"为主）之间的协调性较差，对于跨领域、跨部门的事件，甚至可能存在职能部门负责内容重叠，发展职权冲突等问题。同时，由于智慧城市建设中缺乏实际的综合指挥与统筹协调，盲目建设、重复建设、信息孤岛林立、业务缺乏协同、标准和接口各异、信息安全不受控等现象层出不穷，而且"千城一面"问题突出。因此，河南省人民政府应重视统筹规划、责任分工机制在智慧城市建设中的关键作用，切实发挥担任"领头羊"角色的项目建设单位的影响和功用，而且应在各主体之间构建畅通的交流合作机制，促进各部门政策的相互衔接、各司其职，形成条块结合、指挥有效、目标一致、措施合理的智慧城

① 刘新萍．政府横向部门间合作的逻辑研究［D］．上海：复旦大学，2013.

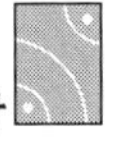

市建设政策结构。

（二）政府与社会组织及居民的合作建设

为了科学有效地驱动城市经济产业的规模化发展，解决城市管理创新和民生保障领域的关键性难题，智慧城市建设往往需要政府、社会组织以及城市居民对建设项目的团结协作，而这种协作能否成功的关键取决于各个主体参与政治管理的程度。智慧城市建设主体的多元性必然要求智慧城市建设超越传统的自上而下的政府单独建设架构。目前，河南省针对智慧城市建设多为政府部门采取诸如制定政策方案的强制性手段，社会组织采取与政府合作的方式，来共同开展城市发展建设活动，而社会民众的参与度相对较低。如果智慧城市建设政策主体持续把社会民众排斥在外，将会降低居民对建设者的信任度，使得智慧城市的建设效果大大折扣。因此，要构建畅通的公民参与渠道，建立政府与社会合作的新方式，促进政策主体的多元性、宽泛性。智慧城市的进步发展也是一个上下联动、交流互动的过程，需要通过沟通、合作等方式来增强建设的高质量和高标准。为了改变以往政策制定过程中的“独角戏”局面，应激励各领域企业法人、社会公益组织和城市居民等政策主体参与，营造和谐共建的城市发展氛围，形成取长补短、良性协作的建设体系。这不仅需要重塑已有的政治管理理念和思想，还需要进一步深入“简政放权”行政管理机制的改革，健全相关的法律法规，以维护各个参与主体的法定权益和利益，使各主体积极参与到智慧城市建设的热潮中，自觉成为城市发展的推动者。

（三）加强主体之间的沟通和协调

政策沟通和政策协调密不可分，是一个问题的两个方面，沟通是达到思想上的统一，协调则是取得行动上的一致①。在公共政策系统中，沟通与协调紧密联系，是政策主体关系和谐的“润滑剂”，是建设稳定有效政策主体结构的基础。为此，应加强各个主体之间的沟通交流，提高政策执行的效率，

① 刘英茹．论政策执行中的沟通与协调［J］．行政论坛，2002（2）：41－42.

促进建设主体的协调性：一要建立沟通渠道，畅通政府、社会组织及居民之间的交流。要加强政策主体对沟通协调工作重要性的认识和理解，努力倡导双向的沟通（政府部门要积极听取社会组织和居民对智慧城市建设的意见和建议，同时社会组织和居民也积极地向政府部门进行沟通和反馈），使得上情下达、下情上传；二要缩短沟通的距离。要使沟通协调完整、及时，政策信息传递的线路越短越好，沟通越直接越好，因此要充分利用现代通信设备和办公自动化技术加强电子政务的建设，同时巧妙策动大众传媒，减少周转环节，保证信息传递的准确性。

二、拓展智慧城市建设机制

全面、合理、完善的机制是实现智慧城市建设可持续性的必要条件。而实现智慧城市建设的有效性和合理性，需要以长效工作机制为保障，政府部门应在借鉴国内外优秀智慧城市建设机制和充分了解自身缺点弱势的基础上，高要求、高目标地拓展智慧城市建设的机制。

（一）优化统筹协调机制

为了避免政出多门、重复建设、各自为政、资源浪费等现象的产生，必须要构建并逐步完善统筹协调机制。因此，河南省推进智慧城市建设时应着重构建与城市发展联系较为密切的牵涉各个方面的统筹协调机制，比如优化财政资金、政策制定、项目规划等领域的统筹协调，加强各个领域的团结合作，以齐心协力促进城市建设的资源优化配置和全方位的统筹布局。一是加强财政资金的协调统筹安排，依据发展规划严格发放和配置财政资金，并严格监督资金的使用情况，杜绝资源浪费、重复建设等问题的产生，最大化地实现财政的有效配置。二是加强政策措施制定的统筹协调，加快推进发展和改革委员会、工业与信息部、互联网信息部等部门政策的融合交流，促进财政、税务等部门出台政策（比如涉及财政资金分配、金融举措、税收改革等方面）的和谐融洽，促使政策合力的形成，避免各自为政、政策交叉重复等问题。三是加强项目规划的统筹协调，完善总体战略规划和具体实施规划之间的合理衔接，保障项目的统筹安排和顶层规划设计能落到实处。

（二）完善共享开放机制

建设开放共享机制，能够提高城市中各项要素的利用效率，最大可能地释放服务潜力和创新红利，从而为创新驱动发展战略提供强有力的支撑。加强"一带一路"的建设、数字资源和先进基础设施的开放共享，是河南省人民政府推进智慧城市的建设重点，是进一步扩大省内开放程度的必要措施。一是积极参与"一带一路"的建设，充分挖掘河南省市场的潜力，促进投资和消费，推进省内各种信息平台向社会开放，加快全方位、多层次、复合型的互联互通网络的构建，实现省内多元、自主、平衡、可持续的发展。二是推进数字资源的开放共享，加强政务信息数据库、公共信息资源数据库的建立，推进信息流通机制在企业之间、政府之间以及政企之间的构建，充分开放共享现存的数字资源，释放信息数据的红利。三是推进信息化基础设施的开放共享，加快物联网、云计算、人工智能等先进基础设施的对外开放，充分发挥其最大效用，推动其溢出效应的释放。

（三）健全创新试验机制

创新试验机制的建设不仅能在降低社会创新成本、利用智慧城市建设机遇推动创新创业等方面发挥巨大功用，还能激发社会各界参与创新活动的积极性。纵观人类发展史，创新作为推动发展的第一动力，始终是一个民族进步的灵魂，是一个国家兴旺发达的不竭动力，是推动整个人类社会向前发展的重要力量。"信息技术的发展使得官僚制组织形式、形状、性质和活动规则等不得不发生改变"[①]。因此，随着新一轮信息技术的革新，智慧城市建设政策也必须随之发生改变，顺应时代发展的潮流，加快健全创新试验机制的步伐。

面对智慧城市的持续推进，河南省人民政府可以尝试加强创新试验田建

---

① 菲利普·J. 库珀. 21世纪的公共行政：挑战与改革［M］. 李文钊，王巧铃，译. 北京：中国人民大学出版社，2006：10.

设、加快制度创新改进、革新数据开发利用方法等措施来健全创新实验机制，充分激发城市发展过程中创新创业的活力。一是利用新一代信息网络技术加强创新实验田的塑造，可采取政府采购、业务许可、项目试点等方法，模拟融合了新技术的创新实验田场景，推动创新实验田建设的科学性。二是加快制度创新改进，为了满足智慧城市建设过程中对信息技术、复合型人才以及资金等的需求，促进创新研发、金融税收、人才培养及引进等方面的政策制度创新，降低城市建设中制度交易的成本，打破约束智慧城市高效发展的制度枷锁。三是通过革新数据开发利用方法来推进创新实验机制，传统的数据利用方式存在一定的缺陷，可以在个人信息开发利用、社会资源交流、公共信息资源共享等领域尝试进行小规模的样本实验，寻求较为成熟的数据开发利用方式。

（四）夯实安全保障机制

为了促进城市运行的智慧化、便捷化、可持续化，有效的安全保障机制是不可或缺的重要建设内容。在智慧城市建设中，强化网络平台的安全性、数据信息的保密性以及供应链的可靠性是政府部门应着重关注的重点，是构建安全保障机制的重要路径。一是强化网络平台建设应用的安全性，为了确保信息安全、技术安全和设施安全，可尝试构建全方位、深层次的安全管理系统，促进网络平台安全保障机制的完善优化。二是增强数据信息的机密性，随着信息技术的发展，数字信息泄露问题越来越严重，加强个人隐私保护、跨境数据流动、社会信息共享等方面安全保障机制的构建已刻不容缓。因此，要尽可能地完善数据信息安全保障机制，规范社会各界开发利用数据的方式，杜绝损害他人利益的违法信息交易行为，并通过监管支撑平台建设，促进数据资源在社会中的有序流动。三是提高厂商供应链体系的可靠性，探索性地构建针对供应链体系的安全保障机制，比如建立可信度较高的厂商目录清单，对供应商的各种能力进行有效评估，避免因为厂商临时变更而导致智慧城市相关系统、平台无法正常运行和升级维护。

第四节　本章小结

河南省智慧城市建设的方法和理念取决于政府部门、社会各界对于智慧城市建设的理解和定位。智慧城市的目标是实现社会经济政治的全方位发展，建设均衡化、可持续性的城市系统，最终提高人民生活的便捷化和幸福感，而这决定了河南省在智慧城市建设中应在参考外来智慧城市建设可靠经验的基础上，结合城市居民对于未来城市建设的需求。因此，在前述研究成果的基础上，本章借鉴已有的学术观点、国内外智慧城市建设经验和河南省自身的优势特点、居民需求等，尝试设计出未来的适宜的智慧城市建设政策。

第一，确立智慧城市建设的发展理念。政策制定、观念先行，优化完善智慧城市建设政策体系的核心关键是确定科学合理、相得益彰的政策发展理念。本书认为，基于河南省自身所持有的交通、农业以及工业等方面的优势，智慧城市建设发展理念应为以智慧农业为基础、以智慧园区为主导、以智慧交通为重点、以智慧物流为突破、以建设中原智慧城市群为战略目标。

第二，提出智慧城市建设政策体系的规划和设想。智慧城市建设政策体系是一个纵横交错、宏观微观兼具的政策网络系统，既需要源自纵向方面的宏观总体战略指导规划，又需要来自横向方面的微观执行落实方案。在整个智慧城市建设政策体系的构建过程中，首先要制定出科学可行的智慧城市顶层规划。而制定符合实际、操作性强的智慧城市顶层规划需要遵循一定的规划逻辑（分析城市愿景和建设现状—确定主要任务和重点工程—架构总体框架和目标蓝图—规划具体实施路径—设计关键指标评价体系）和原则（例如广泛的普适性、加大“软件”部分的设计等）。其次要完善具体的政策部署，基础设施建设、复合型人才培养、产业发展、改革创新和领导小组建设等方面是建设智慧城市的重要组成部分，但现有政策体系对其的重视程度远远不够，需要着重讨论这些方面的政策优化健全。

第三，完善智慧城市建设结构的主体关系和建设机制。在智慧城市建设政策主体的视角下，针对政策主体责任分工模糊、交流沟通较少、交叉管理等现象，可以通过进一步整合不同主体颁布出台的政策，强化政府、社会组织及居民之间的团结协作，加强主体之间的沟通和协调等举措优化智慧城市建设政策主体关系；同时，要拓展智慧城市建设机制，如优化统筹协调机制、完善共享开放机制、健全创新试验机制、夯实安全保障机制等，最终推动城市向更高级的城市形态迈进。

第十章

结论与展望

第一节　主要研究结论

本书基于公共政策分析的相关理论知识，对河南省智慧城市建设政策进行了系统的实证研究分析，目的在于采用较为通俗易懂的客观量化方式有效地揭示智慧城市建设的影响因素、建设的承担者（主体）、建设的内容（客体）、建设采取的措施（工具）以及建设过程中演变的规律特点等政策信息，并探究这些政策信息之间的内在联系及其时空分布特点。在系统、周密地对2008～2019年河南省级层面颁布的124个智慧城市建设政策样本进行梳理、剖析的基础上，回答了以下五个方面的问题。

一、解答了“为什么建设”

影响智慧城市建设的因素可以构成包含“一般影响因子—主要影响因子—关键影响因子—核心影响因子”的金字塔型体系。其中，导致智慧城市建设相关政策出台的核心力量是中央及省级精神、信息化建设、改革和创新、领导小组、智慧应用、产业发展建设等因子。同时，通过对影响因子时空分布情况的整理解析发现，主要影响因子来源于城市建设的11个领域、21个类别，包含了科教文卫体、综合党团、公交能源邮电、综合经济等领域；影响因子和政策文本之间存在的相关关系强度也有很大的差异性，能够区分为恒相关、长期相关、中短期相关三个等级层次；在政策样本的研究时间范围内，影响因子的数量呈现逐步增长的态势，而且泛在建设环境和重点建设环境交错出现。

二、解答了“谁来建设”

随着河南省人民政府对于智慧城市建设认识理解的加深，逐渐构建了河南省智慧城市建设系统的基本框架结构，整个建设系统从河南省人大常委、中共河南省委、河南省人民政府，到河南信息化和信息安全工作领导小组办公室，再到中共河南省委办公厅、河南省人民政府办公厅层面。在16个省级层面的建设主体中，河南省人民政府办公厅、河南省人民政府等部门在颁布政策的数量、周期、持续年限上均表现突出；依据时间分布的特点来看，发文数与发文单位数量趋势基本保持一致，二者在总体数量上具有明显的阶段性特征。

根据研究发现，河南省智慧城市建设的核心力量及主要生力军是河南省委及其直属部门单位，并且建设主体的层次与发文数量显著相关，层次越低，制定颁布的政策数量越多；但建设政策出台主体所在的领域和发文数量之间并不存在强烈的相关关系，只是属于综合事务、经济金融领域的行政单位制定颁布的智慧城市政策相对比较多，在多元主体相互合作共同建设的社会系统中河南省人民政府办公厅和河南省发展与改革委员会的协作能对智慧城市建设产生很大的影响，但整体网络密度低，各个建设承担者相互之间缺乏协调沟通，合作并不密切。

三、解答了“建设什么”

河南省智慧城市建设内容包括智慧城市建设（综合）、电子政务、智慧应用（综合）、互联网+、信息化建设（综合）、大数据等83个具体分支，可分为“综合类”“信息化服务与管理类”“智慧应用类”“智慧产业类”

“专项建设类”等7个大类，逐步构建了以“信息化服务与管理—智慧应用—互联网+—专项建设—智慧产业”为建设内容（客体）的城市发展推进链条，并同时采取科技创新研发，技术成果转化应用等措施全面推动智慧城市建设。但是在建设活动的工作内容中也存在着重视信息发展，忽略创新应用的现象。

此外，智慧城市建设客体形成了全面覆盖、重点突出的建设格局，经历了“由少到多”“由浅入深”的变化过程，逐渐从综合类的信息化、数字化发展趋向于实际应用客体中；“智慧城市建设（综合）”“智慧应用”“电子政务”“信息化建设”等内容几乎贯通整个研究区间，且每个年度河南省人民政府最为重视的智慧城市建设内容区别较小。河南省人民政府和河南省人民政府办公厅开展的智慧城市建设内容最为丰富。产业发展、规范化管理、信息化建设、纲领规划、体制改革和创新型发展等方面的工作最常涉及智慧城市建设内容。

四、解答了“如何建设”

目前，河南省智慧城市建设政策工具的整体使用情况是供给型政策工具使用最为频繁，环境型政策工具使用次之，需求型政策工具占比最小。而且在注重科技与信息支持、基础设施建设的基础上，逐渐转向以服务为主，引导多元主体积极参与，政策工具的使用也逐渐呈现出多元化的趋势。但在智慧城市建设逻辑和智慧城市建设主体方面，政策组合的使用均存在不合理之处。例如在城市建设逻辑中，缺乏对资源投入、智慧人文素养的关注，对二者的目标规划、法律管制、政府采购、服务外包等政策工具严重短缺；在建设主体方面，政府是政策关注重点，相对忽视了个人在智慧城市建设中的作用，大部分针对个人的政策工具均处于稀缺状态。

五、解答了“未来的建设”

从2008年伊始到2019年长达十余年的智慧城市建设演变历程中，出台的政策文本数量越来越多，政策的文种类别逐渐趋于多元化，布局的合理性也越来越强，既含有宏观方面的建设目标型战略规划文件，也含有微观方面的实践指导型战术实施文件。在剖析政策颁布数量、典型性政策生效时间等信息的基础上，再依据智慧城市建设主体、客体的梳理分析情况和代表性事件，将智慧城市演变历程划分为探索发展阶段（2008～2011年）、积极推进阶段（2012～2016年）和战略深化阶段期（2017～2019年）三个阶段。

基于智慧城市建设政策相关研究结果的综合考虑，试探性地建议构建纵横交叉的未来智慧城市建设政策体系。以强调以智慧农业为基础、以智慧园区为主导、以智慧交通为重点、以智慧物流为突破、以建设中原智慧城市群为战略目标的建设政策发展理念为出发点，以智慧城市建设顶层设计为纲，完善基础设施建设、复合型人才培育、领导小组建设、改革创新、产业发展等方面的政策，重组改进多元主体（政府、社会组织及居民）之间的关系和结构，并加强各个主体之间的协调沟通，不断创新健全、优化完善智慧城市建设机制体系。

第二节　研究限制与展望

第一，政策研究样本的容量较少，需要进一步补充。由于收集条件的有限性、政策文本的保密性等原因，本次研究只收集梳理了124份由河南省人民政府及其直属部门所制定颁布的智慧城市建设相关政策，并没有包含地级层面出台的智慧城市建设政策，同时对于一些机密性较强的政策文本也没有涉及，这在很大程度上限制约束了研究对象的汇集。综合梳理已有的关于智慧城市建设的研究成果，发现涉及几个地区之间智慧城市建设的比较性研讨，以及牵涉智慧城市建设和传统城市发展的对比性研究几乎均处于空缺，可能是因为研究样本获取艰难、实地调研困难、客观因素干扰性太强等原因。

第二，针对各种政策基本信息的探讨及其之间关系的研究，需要进一步深入。为了高效地增强智慧城市建设效能，推进城市可持续发展，提高人民生活的幸福指数，必须深入认识了解智慧城市建设现象的本质，科学论证本书研究得出的原由及其相关关系，探求更深层次的内涵理念和核心实质。然而，目前本书只是基于智慧城市建设的影响因子、建设承担者、建设内容、建设活动采取的措施以及建设的演变历程五个方面的研究，系统地探讨了智慧城市建设“是什么”，这是远远不够的。因此，必须进一步研究各种政策要素的内在联系，揭露出政策现象的因果关系和本质内涵，以有效地分配人力、财力、物力等各种社会资源，促进智慧城市建设项目实施的质量和效率。

第三，智慧城市建设政策实施的效果评估，即智慧城市建设评价指标体系的构建需要进一步钻研、探索。本次研究只是基于政策文本的基本信息，系统地研究了建设政策的外在表现和政策蕴含的内容，仅是对智慧城市建设情况的初步性研究，并没有涉及难度更大的智慧城市建设政策评估。然而，政策评估是实现革新政策制定、完善政策体系的理想工具，能够为政策制定者反馈政策实施的效果并提供改进健全政策的建议，很有进一步研究、探求的必要性。虽然政策评估是一种主观性较强的价值判断，但可以通过实地调研、质性访谈等方法来考察政策成效，以降低其主观性，提高客观性和研究信度。以上这些方面都需要在今后的研究中不断改进、完善。

参考文献

[1] 埃弗雷特·M. 罗杰斯. 创新的扩散（第四版）[M]. 辛欣，等译. 北京：中央编译出版社，2002.

[2] 保罗·A. 萨巴蒂尔. 政策过程理论 [M]. 彭宗超，等译. 北京：生活·读书·新知三联书店，2000.

[3] 蔡宁. 智慧经济与智慧产业的内涵、功能及其关系研究 [J]. 商业经济，2019（8）：48-50.

[4] 陈庆云. 公共政策分析（第二版）[M]. 北京：北京大学出版社，2011.

[5] 陈玮. 基于顶层设计的智慧城市建设研究 [J]. 电信工程技术与标准化，2020，33（9）：46-49.

[6] 陈振明. 公共政策分析 [M]. 北京：中国人民大学出版社，2003.

[7] 陈振明. 公共政策分析 [M]. 北京：中国人民大学出版社，2003：422.

[8] 程翔，鲍新中，沈新誉. 京津冀地区科技金融政策文本的量化研究 [J]. 经济体制改革，2018（4）：56-61.

[9] 邓雪琳. 改革开放以来中国政府职能转变的测量——基于国务院政府工作报告（1978-2015）的文本分析 [J]. 中国行政管理，2015（8）：30-36.

[10] 菲利普·J. 库珀. 21 世纪的公共行政：挑战与改革 [M]. 李文钊，王巧铃，译. 北京：中国人民大学出版社，2006：10.

[11] 弗朗索瓦·佩鲁. 新发展观 [M]. 法国：华夏出版社，1987：5-206.

[12] 高璇. 我国新型智慧城市发展趋势与实现路径研究 [J]. 城市观察, 2020 (4): 149 - 156.

[13] 辜胜阻, 杨建武, 刘江日. 当前我国智慧城市建设中的问题与对策 [J]. 中国软科学, 2013 (1): 6 - 12.

[14] 郭奕星. 智慧园区企业服务支撑云建设探讨 [J]. 电信快报, 2014: 11 - 13, 17.

[15] 郭雨晖, 汤志伟, 翟元甫. 政策工具视角下智慧城市政策分析: 从智慧城市到新型智慧城市 [J]. 情报杂志, 2019, 38 (6): 200 - 207.

[16] 胡小君, 徐克庄. 主题关联分析法在科技情报研究中的应用——细胞凋亡研究动态剖析 [J]. 情报学报, 1999 (S2): 3 - 5.

[17] 黄萃, 苏竣, 施丽萍, 等. 政策工具视角的中国风能政策文本量化研究 [J]. 科学学研究, 2011: 876 - 889.

[18] 黄萃, 苏竣, 施丽萍, 等. 中国高新技术产业税收优惠政策文本量化研究 [J]. 科研管理, 2011 (10): 46 - 54, 96.

[19] 蒋子泉. 工业园区智慧园区建设模式探究 [J]. 数码世界, 2020 (5): 206.

[20] 李承宏, 李澍. 我国高新技术产业政策演进特征及问题——政策目标、政策工具和政策效力维度 [J]. 科学管理研究, 2017: 27 - 32.

[21] 李传军. 大数据技术与智慧城市建设——基于技术与管理的双重视角 [J]. 天津行政学院学报, 2015, 17 (4): 39 - 45.

[22] 李纲, 等. 公共政策内容分析方法: 理论与应用 [M]. 重庆: 重庆大学出版社, 2007: 4.

[23] 李德仁, 邵振峰. 论物理城市、数字城市和智慧城市 [J]. 地理空间信息, 2018, 16 (9): 1 - 4, 10.

[24] 李燕萍, 等. 改革开放以来我国科研经费管理政策的变迁、评介与走向——基于政策文本的内容分析 [J]. 科学研究, 2009 (10): 1441 - 1447, 1453.

[25] 李重照, 刘淑华. 智慧城市: 中国城市治理的新趋向 [J]. 电子政务, 2011 (6): 13 - 18.

［26］刘军．整体网分析讲义：UCINET 软件实用指南［M］．上海：格致出版社，2009：97.

［27］刘新萍．政府横向部门间合作的逻辑研究［D］．上海：复旦大学，2013.

［28］刘英茹．论政策执行中的沟通与协调［J］．行政论坛，2002（2）：41－42.

［29］卢泓宇，王雨晴．京津冀协同发展背景下智慧物流的建设与思考［J］．中国物流与采购，2020（13）：71－73.

［30］骆小平．“智慧城市”的内涵解析［J］．城市管理与科技，2010（6）：35－36.

［31］马江娜，李华，王方．陕西省科技成果转化政策文本分析——基于政策工具与创新价值链双重视角［J］．中国科技论坛，2017：103－111.

［32］迈克尔·豪利特，M．拉米什．公共政策研究——政策循环与政策子系统［M］．庞诗，等译．北京：生活·读书·新知三联书店，2006：144.

［33］宁家骏．关于促进中国智慧城市科学发展的刍议［J］．电子政务，2013（2）：65－69.

［34］诺曼·K．邓津，伊冯娜·S．林肯．定性研究第3卷：经验资料收集与分析的方法［M］．冈笑大，译．重庆：重庆大学出版社，2007.

［35］逢金玉．“智慧城市”——中国特大城市发展的必然选择［J］．经济与管理研究，2011（12）：74－78.

［36］钱慧敏，何江，关娇．“智慧＋共享”物流耦合效应评价［J］．中国流通经济，2019，33（11）：3－16.

［37］钱志新．大智慧城市：2020 城市竞争力［M］．南京：江苏人民出版社，2011.

［38］宋刚，邬伦．创新 2.0 视野下的智慧城市［J］．城市发展研究，2012，19（9）：53－60.

［39］孙芊芊．新时期智慧城市建设的机遇、挑战和对策研究［J］．江淮论坛，2019（4）：52－56.

［40］唐华俊．智慧农业赋能农业现代化高质量发展［J］．农机科技推

广，2020（6）：4－5，9.

［41］唐斯斯，张延强，单志广，等．我国新型智慧城市发展现状、形势与政策建议［J］．电子政务，2020（4）：70－80.

［42］陶家渠．系统工程原理与实践［M］．北京：中国宇航出版社，2013：15.

［43］涂端午．教育政策文本分析及其应用［J］．复旦教育论坛，2009，7（5）：22－27.

［44］王广斌，张雷，刘洪磊．国内外智慧城市理论研究与实践思考［J］．科技进步与对策，2013，30（19）：153－160.

［45］王辉，吴越，章建强．智慧城市［M］．北京：清华大学出版社，2010：4.

［46］王家耀．系统思维下的新型智慧城市建设［J］．网信军民融合，2018（6）：10－13.

［47］王俊．从电子政务、智慧城市到智慧社会——智慧宜昌一体化建设实践探析［J］．电子政务，2018（5）：52－63.

［48］王法硕，钱慧．基于政策工具视角的长三角城市群智慧城市政策分析［J］．情报杂志，2017，36（9）：86－92.

［49］威廉·N. 邓恩．公共政策分析导论（第二版）［M］．谢明，杜子芳，等译．北京：中国人民大学出版社，2010：1.

［50］文魁．“智慧农业”为黔货插上腾飞的翅膀［N］．遵义日报，2020－09－28（004）.

［51］沃尔夫冈·布列钦卡．教育科学的基本概念——分析、批判和建议［M］．胡劲松，译．上海：华东师范大学出版社，2001：11.

［52］吴淼．“智慧城市”的内涵及外延浅析［J］．电子政务，2013（12）：41－46.

［53］吴硕贤，赵越喆．推行绿色建筑，促进节能减排，改善人居环境——中科院技术科学部咨询报告［J］．动感（生态城市与绿色建筑），2011（4）：20－27.

［54］习近平．决胜全面建成小康社会　夺取新时代中国特色社会主义伟

大胜利——在中国共产党第十九次全国代表大会上的报告 [EB/OL]. (2017 - 10 - 28) [2020 - 05 - 08]. http: //cpc. people. com. cn/n1/2017/1028/c64094 - 29613660. html.

[55] 习近平. 推动我国新一代人工智能健康发展 [EB/OL]. (2018 - 11 - 01) [2019 - 10 - 30]. https: //www. sohu. com/a/272684618_355034.

[56] 夏昊翔, 王众托. 从系统视角对智慧城市的若干思考 [J]. 中国软科学, 2017 (7): 66 - 80.

[57] 谢青, 田志龙. 创新政策如何推动我国新能源汽车产业的发展——基于政策工具与创新价值链的政策文本分析 [J]. 科学学与科学技术管理, 2015, 36 (6): 3 - 14.

[58] 熊青青. 智慧物流研究综述 [J]. 科技经济导刊, 2020, 28 (14): 180 - 181.

[59] 徐宗本, 冯芷艳, 郭迅华, 等. 大数据驱动的管理与决策前沿课题 [J]. 管理世界, 2014 (11): 158 - 163.

[60] 许庆瑞, 吴志岩, 陈力田. 智慧城市的愿景与架构 [J]. 管理工程学报, 2012, 26 (4): 1 - 7.

[61] 杨凯瑞, 何忍星, 钟书华. 政府支持创新创业发展政策文本量化研究 (2003 ~ 2017 年) ——来自国务院及 16 部委的数据分析 [J]. 科技进步与对策, 2019, 36 (15): 107 - 114.

[62] 杨凯瑞, 严传丽, 陈纤. 河南省智慧城市建设影响因子研究: 政策文本量化分析 [J]. 创新科技, 2020, 20 (7): 65 - 77.

[63] 杨硕. 智慧城市—智慧交通的建设与管理 [J]. 中国战略新兴产业, 2020 (36): 160, 162.

[64] 应瑛, 张统, 杜伟杰. 以智慧城市建设拉动产业发展 [J]. 信息化建设, 2013 (8): 40 - 42.

[65] 于晓阳. 新型智慧城市顶层设计研究 [J]. 电子世界, 2020 (17): 13 - 14.

[66] 曾婧婧, 胡锦绣. 政策工具视角下中国太阳能产业政策文本量化研究 [J]. 科技管理研究, 2014, 34 (15): 224 - 228.

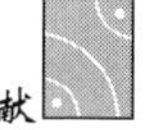

[67] 詹姆斯·E. 安德森. 公共决策 [M]. 唐亮，译. 北京：华夏出版社，1990：44-48.

[68] 张爱平. “互联网+”引领智慧城市2.0 [J]. 中国党政干部论坛，2015（6）：20-23.

[69] 张敬淦. 从历史经验出发研究北京城市发展中的规律性问题 [J]. 城市问题，2006（1）：3-6，15.

[70] 张镧. 基于文本分析法的湖北省高新技术产业政策演进脉络研究 [J]. 科技进步与对策，2013，30（17）：113-117.

[71] 张宁英. 开放政府视角下的智慧城市建设 [J]. 电子政务，2014（10）：109-115.

[72] 张梓妍，徐晓林，明承瀚. 智慧城市建设准备度评估指标体系研究 [J]. 电子政务，2019（2）：82-95.

[73] 赵大鹏. 中国智慧城市建设问题研究 [D]. 长春：吉林大学，2013.

[74] 赵霞，王士然. 浅析智慧城市顶层设计的思路 [J]. 中国新通信，2019，21（7）：65-66.

[75] 郑代良，钟书华. 1978-2008：中国高新技术政策文本的定量分析 [J]. 科学学与科学技术管理，2010（4）：176-181.

[76] 智慧城市发展研究课题组. “十三五”我国智慧城市“转型创新”发展的路径研究 [J]. 电子政务，2016（3）：2-11.

[77] 周洪宇，鲍成中. 第三次工业革命与人才培养模式变革 [J]. 教育研究，2013（10）：4-9.

[78] Alawadhi S, et al. Building Understanding of Smart City Initiatives [J]. Electronic Government, 2012（5）：40-53.

[79] Bakici T, et al. A Smart City Initiative: the Case of Barcelona [J]. J Knowledge Economy, 2013（4）：135-147.

[80] Berry F S, Berry W D. Innovation and diffusion models in police research [M]. Sabatier P A. Theories of the Police Process. Boulder: Westview Press, 1999.

[81] Berry F S. Sizing UP State police innovation research [J]. Police Studies Journal, 1994, 22 (3): 442 -456.

[82] Cimmino A, et al. The role of small cell technology in future Smart Cityapplications [J]. Transaction on Emerging Telecommunications Technologies, 2013, 11 (20): 11 -20.

[83] Graham S, Marvin S. Telecommunications and the city: Electronic spaces, urban places [M]. London: Routledge, 1996.

[84] Harrison C, Eckman B, Hamilton R, et al. Foundations for smart cities [J]. IBM Journal of Research and Development, 2010, 54 (4): 1 -16.

[85] Kanter R M, Litow S. Informed and interconnected: A manifesto for smart cities [R]. Harvard Business School General Management Unit Working Paper, 2009: 9 -141.

[86] Kieron Flanagan, Elvira Uyarra, Manuel Laranja. Reconceptualising the "policy mix" for innovation [J]. Research Policy, 2011, 40 (5): 702 -713.

[87] Leydesdorff L, Deakin M. The Triple - Helix Model of Smart Cities: A Neo - Evolutionary Perspective [J]. Journal of Urban Technology, 2011, 18 (2): 53 -63.

[88] Mcdonnell L, Elmore R. Getting the Job done: Alternative policy instruments [J]. Educational Evaluation and Policy Analysis, 1987, 9 (2): 133 -152.

[89] Nam T, Pardo T A. Conceptualizing Smart City with Dimensions of Technology, People, and Institutions [C]. Proceedings of the 12th Annual International Digital Government Research Conference: Digital Government Innovation in Challenging Times, 2011: 282 -291.

[90] Schneider A, Ingram H. Behavioral assumptions of policy tools [J]. The Journal of Politics, 1990, 52 (2): 510 -529.

[91] Thomas R. Dye. Understanding public policy [M]. Upper Saddle River: Perntice Hall, 2002.

[92] W I Jenkins. Policy analysis: A political and organizational perspective [M]. London: Martin Robertson, 1978.